工业和信息化部"十四五"规划教材

Python 程序设计项目化教程

孙海洋　编著

电子工业出版社.

Publishing House of Electronics Industry

北京·BEIJING

内容简介

本书共包含 11 个项目：前 4 个项目主要介绍了 Python 语言的基本语法和三大流程结构；项目 5 和项目 6 分别介绍程序设计的两种不同编程范式；项目 7 介绍异常处理的相关知识，项目 8 介绍文件操作的相关知识；项目 9～11 分别介绍数据分析可视化三件套：numpy、pandas 和 matplotlib 等知识。

本书采用项目引领、任务驱动、边做边学的设计模式，项目和任务设计兼具趣味性、知识性和技能性，并提供了大量应用实例及源代码。每个项目都有一定数量精心设计的理论和实践习题，项目小结以表格的形式列出重点、难点及易错点，结构清晰，便于读者自学及复习。

本书所有项目、任务、案例及习题均严格遵守业界通用的编程规范，设计结构合理，思路清晰，注重培养并提升读者的编程素养。

本书适合作为普通高等院校及职业院校计算机、软件工程、人工智能、大数据等相关专业的教材，也可作为计算机等级考试的参考教材。

图书在版编目（CIP）数据

Python 程序设计项目化教程 / 孙海洋编著. —北京：电子工业出版社，2024.3
ISBN 978-7-121-47754-6

Ⅰ . ①P… Ⅱ . ①孙… Ⅲ . ①软件工具－程序设计－高等职业教育－教材 Ⅳ . ①TP311.561

中国国家版本馆 CIP 数据核字（2024）第 082207 号

责任编辑：贺志洪
印　　刷：三河市君旺印务有限公司
装　　订：三河市君旺印务有限公司
出版发行：电子工业出版社
　　　　　北京市海淀区万寿路 173 信箱　邮编　100036
开　　本：787×1 092　1/16　印张：15　字数：384 千字
版　　次：2024 年 3 月第 1 版
印　　次：2024 年 3 月第 1 次印刷
定　　价：49.00 元

凡所购买电子工业出版社图书有缺损问题，请向购买书店调换。若书店售缺，请与本社发行部联系，联系及邮购电话：（010）88254888，88258888。

质量投诉请发邮件至 zlts@phei.com.cn，盗版侵权举报请发邮件至 dbqq@phei.com.cn。

本书咨询联系方式：（010）88254609，hzh@phei.com.cn。

PREFACE 前言

Python 是一门简单易学，拥有大量标准库和第三方库，且编程效率极高的面向对象解释型编程语言。Python 不仅是人工智能领域的首选编程语言，其在数据科学、网络编程、游戏开发和图像处理等领域也具有广泛应用。

【本书主要内容】

本书共包括 11 个项目，前 4 个项目主要介绍了 Python 语言的基本语法（输入/输出、数据类型和标准库）和流程结构（顺序、分支和循环）；项目 5 简易银行系统——函数；项目 6 乌龟吃鱼游戏——面向对象；项目 7 能否构成三角形——异常处理；项目 8 简易通讯录——文件操作；项目 9 至项目 11 分别为数据分析可视化的三件套：numpy、pandas 和 matplotlib 等。

【本书主要特色】

● 项目引领和任务驱动

把主要知识和技能点，融入到 11 个项目中，又把每个项目分解为能支撑其开发的若干任务，每个任务又包括若干知识和技能点，知识和技能设计层层递进，分析步骤清晰，且均配有可运行的代码和运行结果。项目和任务设计兼具趣味性、知识性和技能性，项目结束均以表格的形式列出重点和难点，便于复习。

● 实践性和系统性

坚持手脑并用的理念，既重实践又厚基础。激发读者的编程兴趣，既注重提升读者的实践操作能力，又兼顾其理论知识的系统性。

● 趣味性

把"语言类"教材枯涩难懂的知识点融入到一个个趣味性的项目、任务和案例中。把枯燥、复杂的语法概念简单化、生活化，通俗易懂，便于读者自学。

● 规范性

本书所有项目、任务、案例和习题代码均遵循业界通用的编程规范，代码书写规范，可读性强，且均配有运行结果，这对培养读者养成良好的编程素养有很大帮助。

● 系列配套

教材+教案+课件+视频讲解+上机实践+课后答案，以一体化教材为基础，以"职教云"或"MOOC"等教学平台为媒介，构建"纸质教材、资源平台、在线课程"三位一体的混合式教学模式，满足读者个性化、移动化的学习需求。读者可加入 Python 学习交流群（QQ 群号：884397097）与作者及读者交流。

本书充分学习贯彻党的二十大精神，强化现代化建设人才支撑。本书秉持"尊重劳动、尊重知识、尊重人才、尊重创造"的思想，以人才岗位需求为目标，突出知识与技能的有机融合，让学生在学习过程中举一反三，创新思维，以适应高等职业教育人才建设需求。

　　本书所有项目均由孙海洋编写，由于编者水平有限，书中错误和缺点在所难免，恳请广大读者批评指正。

编　者
2024 年于南京

第三篇　数据可视化篇

第一篇 语法基础篇

项目 1 Python 开发初体验

项目目标

● **知识目标**

本项目将学习 Python 的起源和特点，数值、字符串等数据类型，输入函数 input 和输出函数 print 的原型和调用，标准库和第三方库的常见两种导入和调用方式等知识。

● **技能目标**

掌握集成开发环境 Jupyter Notebook 的搭建，能够独立开发简单的 Python 程序。掌握第三方库的安装方式，掌握标准库和第三方库的导入与调用方式。

● **素养目标**

工欲善其事，必先利其器，领悟黄炎培"手脑并用，双手万能"的教育理念，培养工匠精神。

项目描述

通过本项目快速了解 Python 语言，掌握集成开发环境 Jupyter Notebook 的搭建，掌握输入/输出函数，掌握数值型及字符串型数据，掌握标准库及第三方库的使用等。

任务列表

任 务 名 称	任 务 描 述
任务 1 Python 速览	了解 Python 起源、特点及版本
任务 2 搭建开发环境	官网下载安装 Python3；掌握交互式开发 IDLE 的使用和 Jupyter Notebook 集成开发环境的搭建
任务 3 输入/输出——矩形面积	input、print、eval 函数使用
任务 4 认识数据类型——数值和字符串	整型、浮点型及字符串型数据的使用
任务 5 标准库使用——圆周长和面积	math 模块的使用

1.1　任务 1 Python 速览

任务目标

➢ 了解 Python 起源及特点
➢ 了解 Python 名字由来和 LOGO
➢ 熟记 Python 官网网址
➢ 掌握 Python 语言的主要特点
➢ 了解 Python 两个版本及其区别

1.1.1　知识点 1：Python 起源

　　Python 的设计者 Guido van Rossum（吉多·范罗苏姆），于 1956 年出生于荷兰，1982 年毕业于阿姆斯特丹大学（荷兰文：Universiteit van Amsterdam，缩写为 UvA），并获得了数学和计算机科学双硕士学位。在 1989 年圣诞节期间为了打发无聊的时光，Guido 设计并开发出了 Python 这种脚本解释型语言，并于 1991 年公开发行了 Python 的第一个版本。

　　Guido 当时非常喜欢看由"巨蟒剧团"出演的电视剧"飞翔的马戏团"（即 Monty Python's Flying Circus），是"巨蟒剧团"（Monty Python）的粉丝。于是，Guido 便以剧团的名称把编程语言命名为 Python。虽然 Python 命名本意与动物蟒蛇并无关联，但是，依然把一对"双蟒蛇"作为了该语言的官方（https://www.python.org）LOGO。

1.1.2　知识点 2：Python 主要特点

1. 简洁

　　基于简单、优雅、明确的设计理念，Python 语言的最大特点是简洁，编程效率极高。分别使用 Java、Python 等编程语言输出"Hello"的程序对比如下所示。

C 语言：	C++语言：
| ```c
#include<stdio.h>
int main(void)
{
    printf("Hello\n");
    return 0;
}
``` | ```cpp
#include<iostream>
using namespace std;
int main()
{
    cout<<"Hello"<<endl;
    return 0;
}
``` |
| Java 语言： | Python 语言： |
| ```java
public class HelloWorld
{
    public static void main(String [] args)
    {
        System.out.println("Hello");
    }
}
``` | ```python
print('Hello')
``` |

2．面向对象

Python 是完全面向对象的程序设计语言，其数值、字符串、函数、模块等均视为对象。

3．强大的开发库

Python 不仅有庞大的标准库，更有丰富的第三方库。Python 解释器也可以植入到其他需要脚本语言的程序内，因此，Python 也被称为"胶水语言"。Python 更是数据预处理及人工智能（AI）的主流开发语言。

4．解释型语言

5．其他特点

属于高级语言，具有良好的可移植性及安全性。

1.1.3　知识点 3：Python 版本

目前，Python 语言发展主要经历了 Python 2.X 及 3.X 两个版本。Python 官方已于 2020年 1 月 1 日起，宣布不再维护 Python 2 版本，各个第三方库也逐渐放弃支持 Python 2，本教材主要讲解 Python 3。

以输出"Hello,world."为例，Python2 与 Python3 的代码如下所示。

```
print 'Hello,world.'      #Python 2 不加括号
print('Hello,world.')     #Python 3 加括号
```

【课堂小测】

以下关于 Python 的说法正确的是（　　　）。

A．Python 与 C 语言一样是面向过程的程序设计语言

B．Python 与面向对象语言 C++一样同属于编译型语言

C．良好的可移植性是 Python 区别于其他编程语言的主要特点

D．print 2＋3 是 Python 2 的正确语法，其输出结果为 5

1.2　任务 2 搭建开发环境

任务目标

➢ 培养通过官网下载安装 Python 3 并配置环境变量的能力

➢ 掌握使用 IDLE 交互式开发 Python 的能力

➢ 掌握使用文本编辑源程序文件开发 Python 的能力

➢ 掌握通过 Anaconda 安装 Jupyter Notebook 的能力

➢ 了解 PyCharm、Spyder 等集成开发环境的安装和使用

1.2.1　知识点 1：安装配置 Python 3

1．下载安装

以 Windows 开发环境为例，打开 Python 官网，单击 Downloads->Windows，选择相应的 Python 版本，下载安装，如图 1-1 所示。假设安装在了 C:\Python\目录下，则在安装目录

C:\Python\Doc 下有 Python 帮助文档，如图 1-2 所示。

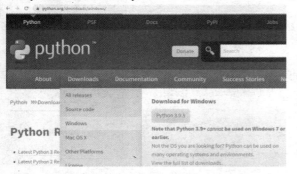

图 1-1　安装包下载界面

图 1-2　帮助文档

2．设置环境变量

以 Win10 操作系统为例，搜索环境变量，单击"编辑系统环境变量"（图 1-3 所示）→点击"环境变量"按钮（图 1-4 所示）→打开"系统变量"对话框→选中"Path"→单击"编辑"按钮→单击"新建"按钮→输入 Python 安装目录"C:\Python\"→单击"确定"按钮→单击"确定"按钮，如图 1-5 所示。

图 1-3　搜索环境变量

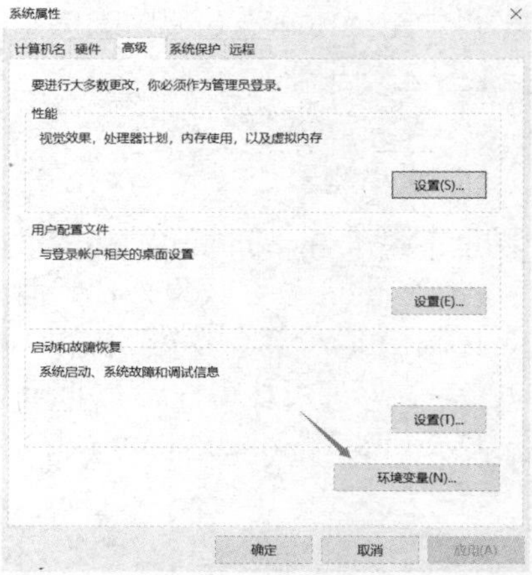

图 1-4　打开环境变量

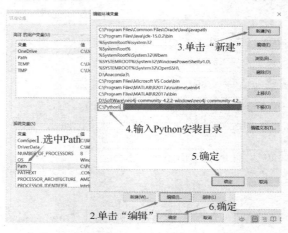

图 1-5　配置环境变量

1.2.2　知识点 2：Python 解释器自带 IDLE

安装并配置好环境变量后，通过计算机左下角"开始"找到刚安装好的 **Python**，打开 **IDLE**（Integrated Development and Learning Environment），进入交互式编程界面，在提示符>>>后输入要执行的命令，然后按回车键解释执行，如图 1-6 所示。

图 1-6　交互式开发环境

1.2.3　知识点 3：文本编辑.py 源程序并解释执行

假设在 D:\Python_WorkSpace\Chapter1 目录下新建一个记事本文件 print_test.txt，编辑两条 Python 输出语句并保存，如图 1-7 所示。

然后把文件后缀名由.txt 修改为.py 文件，如图 1-8 所示。

图 1-7　创建记事本文件　　　　　　　　　　　　　　图 1-8　修改为 Python 源文件后缀

打开"命令提示符"，先键入 d:并回车进入 D 盘，再使用 cd 命令更改目录到 D:\Python_WorkSpace\Chapter1 下，然后调用 Python 解释器解释执行文件 print_test.py，输出运行结果，如图 1-9 所示。

图 1-9　解释执行.py 源文件

1.2.4 知识点 4：常用集成开发环境

常用的 Python 集成开发环境（Integrated Development Environmet，IDE）主要有 PyCharm、Jupyter Notebook、Spyder 等。请参考相关资料自行安装。

【注意】本教材采用通过 Anaconda 安装 Jupyter Notebook 作为集成开发环境。所有案例代码均在 Jupyter Notebook 中验证通过。

1.3 任务 3 输入/输出——矩形面积

任务目标

➢ 掌握 print 输出函数的原型及调用
➢ 掌握 input 输入函数的原型及调用
➢ 掌握从数字串中提取数值函数 int、float 及 eval 的使用和差别
➢ 掌握 type 查看类型函数的使用

【任务描述】从键盘输入矩形的长和宽，计算其面积并输出。

【任务分析】该任务涉及数值输入操作，变量及输出操作。

1.3.1 知识点 1：变量及类型查看函数 type

变量：是有名字（标识符）的内存空间，且其中存储和表示的值可以改变。

变量名（标识符）命名规则：可由大小写英文字母（A～Z，a～z）、数字（0～9）、下画线（_）和汉字或其组合构成，但不能以数字开头。例如，Class_5、_a、姓名、test1234 等都是 Python 合法的标识符；而 5a、a@、￥等都是错误的标识符。另外，Python 标识符对大小写敏感，即 A 和 a 为不同的标识符。标识符不能与保留字相同。

保留字（关键字）：指在编程语言中已经定义过的字，有特殊用途。编程者不能再将这些字作为自定义标识符使用。保留字通常与 Python 版本有关。

查看 Python 版本的代码如下：

```
import sys
sys.version          #如输出 '3.8.5 '
```

查看该版本下的保留字代码如下：

```
import keyword
len(keyword.kwlist)#len 函数算出该 Python 版本下保留字的个数
keyword.kwlist       #列出该 Python 版本下所有保留字
```

例如，Python 3.8.5 版本，其保留字共有 35 个，分别为['False', 'None', 'True', 'and', 'as', 'assert', 'async', 'await', 'break', 'class', 'continue', 'def', 'del', 'elif', 'else', 'except', 'finally', 'for', 'from', 'global', 'if', 'import', 'in', 'is', 'lambda', 'nonlocal', 'not', 'or', 'pass', 'raise', 'return', 'try', 'while', 'with', 'yield']。

变量类型：Python 中变量本身无类型，也无须用类型关键字指定，其类型是由其值的类型决定的，可使用 type()函数查看变量或数据的类型。type 函数使用示例如下。

```
a = 5                     #把整型数 5 赋值给变量 a
type(a)                   #返回 int，即此时变量 a 为整型
a = 'Hello,world.'        #再把字符串赋值给变量 a
type(a)                   #返回 str，即变量 a 变为了字符串型
```

1.3.2　知识点 2：print 函数使用

1．print 函数原型

```
print(value, …, sep=' ', end='\n')
```

2．参数解析

value：输出各数据项的值，以逗号间隔。

sep：可选，输出各 value 值的间隔符，默认空格，也可显式指定，如逗号 sep=','。

end：可选，输出所有 value 后的结束符，默认换行，也可显式指定，如空格 end=' '。

3．示例

● 未显式指定各输出数据项的间隔符，默认为空格。

```
print('Hello',2021)            #输出：Hello 2021
```

● 显式指定各输出数据项的间隔符。

```
print('Hello',2021,sep=',')    #各数据项间隔符为逗号，输出：Hello,2021
```

● 未显式指定各数据项输出完毕后的结束符，默认为换行。

```
print('姓名',"张三")           #Python 中单、双引号均可表示字符串，输出结束符为换行符
print('年龄',18)
```

【运行结果】

```
姓名 张三
年龄 18
```

● 既指定各数据项的输出间隔符，又指定结束符。

```
print(2022,6,1,sep='-',end=' ')  #数据项间隔符为"-"，结束符指定为空格
print('星期',"三",sep='')        #数据项间隔为空串，即无间隔
```

【运行结果】

```
2022-6-1 星期三
```

1.3.3　知识点 3：input 函数使用

1．input 函数原型

```
input(prompt='')
```

注意：不管输入的是字符串、数值还是其他类型，该函数均返回其对应的字符串类型。

2．参数解析

prompt：可选，通常为增强代码可读性的输入提示信息。

3．示例

【示例 1】输入字符串数据，返回字符串类型

从键盘上输入一句话，并保存到变量 s 中。

```
s = input('输入学习 Python 的原因：')  #提示输入的是原因，而非年龄等其他数据
```

执行该语句，然后在冒号后输入学习 Python 的原因，若输入"人生苦短，我用 Python"后并回车，则该字符串就保存到了变量 s 中。

【示例 2】输入数值，返回字符串类型

使用 input()输入数值，返回值保存到变量中，使用 type()函数查看其返回值类型。

```
a = input('输入年龄：')              #输入数值型整数18后并回车
type(a)                           #返回 str，即 input 函数返回字符串类型数据'18'
```

【示例 3】从 input 所返回的字符串类型数据中提取数值数据

从键盘输入商品的当前价格，在此基础上减去优惠额，计算优惠后的商品价格。

input 函数把输入的数据均以字符串类型返回，如果输入的为数值，则可通过强制类型转换把数值字符串转换为整型数 int 或浮点数 float；或使用更通用的 eval()函数从数值字符串中提取出相应的数值。

【错误参考代码】

```
price = input('输入原价：')  #假设输入 50，则 price 的值为数值字符串'50'
price -= 5                  #优惠 5 元，程序报错，数据类型不一致
print('促销价：',price)
```

【运行结果报错】原因是字符串'50'和整数 5 不能做减赋值-=操作，Jupyter Notebook 中报错信息如下所示。

```
输入原价：50

---------------------------------------------------------------------------
TypeError                                 Traceback (most recent call last)
<ipython-input-1-080b9384df19> in <module>
      1 price = input('输入原价：')   # 假设输入50，则price的值为数值串'50'
----> 2 price -= 5                  #优惠5元，报错，类型不一致
      3 print('促销价：',price)

TypeError: unsupported operand type(s) for -=: 'str' and 'int'
```

【正确参考代码】

```
price = eval(input('输入原价：')) #输入 50，eval 从字符串'50'中提取数值 50
price -= 5                      #两数值可执行-=操作
print('促销价：',price)
```

【运行结果】

```
输入原价：50
促销价： 45
```

1.3.4　任务实施

【参考代码】

```
a = eval(input('输入长：'))
b = eval(input('输入宽：'))
s = a * b
print('面积为：',s,sep='')    #面积 s 值与中文冒号间无空格
```

【运行结果】

```
输入长：5.3
输入宽：2.1
面积为：11.13
```

【课堂小测】

以下关于 Python 的说法中错误的是（　　　）。

A．可使用 type() 查看某数据或变量的类型

B．不管输入的是整型、浮点型还是字符串型，input 函数均返回字符串型

C．a = input('输入整数：')，若输入 3.14，则 a 为 "3.14"

D．a = int(input('输入整数：'))，若输入 3.14，则 a 为 3

1.4　任务 4　认识数据类型——数值和字符串

Python 语言的数据类型主要有数值、字符串、列表、元组、集合和字典等。本任务主要介绍数值型和字符串型，其他数据类型在后续项目介绍。

任务目标

➢ 掌握常见算术运算符的使用

➢ 掌握 print 的格式化输出方式

➢ 掌握数值类型的数据

➢ 掌握字符串类型的表示和使用

1.4.1　子任务 1：数值类型及 print 格式化输出

【案例】设计简易计算器。包括加、减、乘、除、取商、取余等基本运算。输出格式如下所示：

```
2 + 3 = 5
10 / 4 = 2.5
```

【知识点 1】数值型数据通常包括：整数和浮点数。

整数如 5、–3 等；浮点数如 3.14。

可调用 type 函数查看数据的类型。

```
type(5)        #返回 int
type(3.14)     #返回 float
```

【知识点 2】常见算术运算符，如表 1-1 所示。

表 1-1　常见算术运算符

运　算　符	描　　述	举　　例
+	加法	$5 + 2.15 = 7.15$
-	减法	$5 - 3 = 2$
*	乘法	$2 * 3 = 6$
/	除法	$11 / 4 = 2.75$
//	相除取商	$11 // 4 = 2$
%	相除取余	$11 \% 4 = 3$
**	幂次方	$2 ** 10 = 2^{10} = 1024$

【知识点 3】print 格式化输出。
已知有如下代码

```
a = 8
b = 5
print('a + b =',a + b)
print('a - b =',a - b)
```

运行结果：

```
a + b = 13
a - b = 3
```

而期望得到的输出结果为：

```
8 + 5 = 13
8 - 5 = 3
```

通过对比分析，发现 a 和 b 处应替换成具体的数值，即为占位符（占位作用），执行时用其具体值 8 和 5 替换，其调用格式为：

```
print(格式控制 % (输出项列表))
```

其中，格式控制部分为字符串，当输出项数多于一个时，必须用()括起来，各输出项之间用逗号隔开。例如：

```
a,b = 8,5                       #Python 支持这种多变量同时赋值的方式
print('%d + %d = %d' % (a,b,a + b)) #用%间隔格式控制和输出项列表部分
```

该程序执行流程：本例格式控制部分为'%d + %d = %d'中所有以%开头的代码，即本例中的%d 均为格式控制符，执行时用输出项列表(a,b,a + b)中对应项的值 a、b、a+b 依次进行替换输出。而格式控制部分除格式控制符以外其余部分均完整输出，故输出结果为：

```
8 + 5 = 13
```

常见的格式控制符如表 1-2 所示。

表 1-2　常见的格式控制符

格式控制符		说　　明	举　　例
整数	%d　%i	十进制	a = 13　以下两种输出方式，结果相同 print('%u' % a) print('%i' % a)
	%o	八进制	print('dec %d to oct is %o' % (17,17)) 输出结果： dec 17 to oct is 21
	%x %X	十六进制	print('dec %d to hex is %x' % (17,17)) 输出结果： dec 17 to hex is 11
浮点数	%f	浮点数	r = 1.2 print('圆面积:%f' % (3.14 * r ** 2)) 输出结果： 圆面积:4.521600
	%m.nf	共 m 位，小数点后 n 位，默认右对齐	r = 1.2 print('面积为%5.2f 平方米' % (3.14 * r ** 2)) 输出结果： 面积为 4.52 平方米 #"为"和"4"之间有空格
	%-m.nf	共 m 位，小数点后 n 位，默认左对齐	r = 1.2 print('面积为%-5.2f 平方米' % (3.14 * r ** 2)) 输出结果： 面积为 4.52 平方米 #"2"和"平"之间有空格
	%.nf	仅关注保留小数点后 n 位。更常用	r = 1.2 print('面积为%.2f 平方米' % (3.14 * r ** 2)) 输出结果： 面积为 4.52 平方米 #2 位小数，且无空格
字符串	%s	通常直接输出字符串，不用%s	string = "Hello,world"，则以下两语句输出结果相同 print("%s" % string) print(string)
%	%%	格式控制部分两个%表示输出一个%	a,b = 11,4 print('%d %% %d = %d' % (a,b,a % b)) 输出结果： 11 % 4 = 3

【参考代码】

```
a = eval(input("整数 1："))
b = eval(input("整数 2："))
print('%d + %d = %d' % (a,b,a + b))
print('%d - %d = %d' % (a,b,a - b))
```

```
print('%d * %d = %d' % (a,b,a * b))
print('%d / %d = %f' % (a,b,a / b))        #结果为浮点数，%f
print('%d // %d = %d' % (a,b,a // b))
print('%d %% %d = %d' % (a,b,a % b))       #格式控制部分两个%表示输出一个%
print('%d ** %d = %d' % (a,b,a ** b))      #a 的 b 次幂
```

【运行结果】

```
整数1：7
整数2：3
7 + 3 = 10
7 - 3 = 4
7 * 3 = 21
7 / 3 = 2.333333
7 // 3 = 2
7 % 3 = 1
7 ** 3 = 343
```

1.4.2　子任务 2：字符串类型

【案例】打印 Python 之父卡片信息。

Hi,I'm Guido van Rossum.

I am the author of the Python programming language.

I wrote the book "Programming Python".

【知识点 1】字符串起止边界。

通常情况下，Python 语言中字符串数据的起止边界既可以是单引号也可以是双引号，如 'Hello,2021'、"2＋3"等。

但也有特殊情况，如字符串本身含有单引号或双引号，那么起止边界确定的原则是内容中不能直接含有起止边界符，以免混淆报错。通常有如下两种解决方案。

方案一：字符串内容中的引号形式与起止边界不同即可。

```
'It's a book'                    #错误，内容和起止边界混淆，解释器无法理解。
"It's a book"                    #正确，内容含单引号，起止边界为双引号。
"He asked:"How old are you?""    #错误，内容和边界混淆。
'He asked:"How old are you?"'    #正确，内容含双引号，起止边界为单引号。
```

方案二：字符串内容中的引号形式以转义字符的形式表示，则起止边界单、双引号均可。

```
'It\'s a book'                   #正确
"It\'s a book"                   #正确
"He asked:\"How old are you?\""  #正确
'He asked:\"How old are you?\"'  #正确
```

【参考代码】

```
s1 = "Hi,I'm Guido van Rossum."
s2 = 'I am the author of the Python programming language.'
```

```
s3 = 'I wrote the book \"Programming Python\".'
print(s1)
print(s2)
print(s3)
```

1.5　任务 5　标准库使用——圆周长和面积

任务目标

➢ 了解常见的标准库和第三方库
➢ 掌握标准库的两种调用方式

【任务描述】输入圆的半径，计算并输出其周长和面积，分别保留两位和三位小数。

【任务分析】该任务需使用标准库 math 中的圆周率，以及保留小数位数的 print 输出格式控制方法。

1.5.1　知识点 1：模块的两种访问方式

Python 不仅拥有丰富的标准库，还支持大量的第三方库（也称扩展库），有时也把库称为模块。在安装 Python 的过程中，标准库会自动安装，常见的标准库有 os、math、random、datetime 等。而第三方库则需要另外安装，常见的第三方库有 matplotlib、numpy、pandas 等。

无论是标准库还是第三方库，其导入方式均相似。

【示例】使用 math 库（模块）中的属性"圆周率"及开平方根函数 sqrt。

● 导入方式一：import 模块名
调用方式一：模块名.属性名　　　或　　　模块名.函数名()

```
import math
math.pi
math.sqrt(1.44)          #返回1.2
```

● 导入方式二：from 模块名 import 属性名　　或　　from 模块名 import 函数名
调用方式二：属性名　　或　　函数名()

```
from math import pi
pi                      #只能直接访问属性名，而不能通过math.pi调用
from math import sqrt
sqrt(9)                 #只能直接访问函数名，而不能通过math.sqrt(9)调用
```

1.5.2　知识点 2：print 格式化输出

1. 调用格式

```
print('格式控制部分'  % 输出项列表)    #两者中间用%间隔
```

2. 注意事项

格式控制部分为字符串，且含有格式控制符%.nf。

%.nf：四舍五入保留小数点后 n 位。

%.0f：四舍五入取整数部分。

%f　：通常默认保留小数点后 6 位，不够补 0。

3．示例

【示例 1】输出项列表仅含一项时，可省略该处括号。

例如，保留圆周率小数点后 4 位数字，代码如下所示。

```
import math
print('%.4f' % math.pi)        #四舍五入保留小数点后 4 位，输出 3.1416
```

【示例 2】输出项列表含多项时，须加括号，即(输出项 1,输出项 2,…,输出项 n)

```
a = 99.99
b = 3.1415
c = 7.8923
print('a=%.0f,b=%f,c=%.3f' % (a,b,c))
```

【运行结果】

```
a=100,b=3.141500,c=7.892
```

1.5.3　任务实施

【参考代码】

```
from math import pi
r = eval(input('输入半径：'))
per = 2 * pi * r      #计算圆周长
area = pi * r ** 2    #幂指数运算符**，r ** 2 等价于 r * r
print('圆半径：%f，周长：%.2f，面积：%.3f' % (r,per,area))
```

【运行结果】

```
输入半径：2.5
圆半径：2.500000，周长：15.71，面积：19.635
```

【课堂小测】

以下代码执行正确的是（　　　）。

A．from math import sqrt

　　sqrt(-4)

B．from math import sqrt

　　math.sqrt(4)

C．import math

　　sqrt(4)

D．import math

　　math.sqrt(5)

1.6　项目小结

本项目首先介绍了 Python 语言的起源和特点，接着动手安装并配置 Python 开发环境，通过若干具体任务了解 Python 语言程序的结构，重点讲解输入、输出、模块导入方式等知识点。本书主要以 Jupyter Notebook 集成开发环境为主，本项目知识点小结如表 1-3 所示。

表 1-3　项目 1 知识点小结

知　识　点	说　　明
Python 概述	设计时间：1988 圣诞节期间；发布时间：1991 年第一版 作者：荷兰 Guido van Rossum（吉多·范罗苏姆） 语言类型：解释型、面向对象
Python 版本	Python 2：官方已不再维护，语法举例：print 2 + 3 Python 3：本教材仅讲解 Python 3 版本，语法举例：print(2 + 3)
Python 安装及开发方式	1. 从官网下载对应操作系统的 Python 3 版本，安装并配置环境变量。使用自带的 IDLE 交互式开发环境。 2. 使用文本编辑.py 源程序，使用 DOC 命令窗口调用 Python 解释器执行源文件。 3. 通过 Anaconda 安装 Jupyter Notebook 集成开发环境（推荐方式）。 4. 安装并使用 PyCharm、Spyder 等集成开发环境
本章数据类型：字符串	1. 通常形式：单引号或双引号均可，如'Hello,2021'、"2 + 3"等。 2. 特殊情况：若字符串中含有单引号，则起止边界应为双引号，例如，"It's a book"；若字符串中含有双引号，则起止边界应为单引号，例如，'He asked:"How old are you?"'。原则：内容中不能含有起止边界符
输出 print	原型：print(value, …, sep=' ', end='\n', file=sys.stdout, flush=False) 默认：各值间的间隔默认为空格；输出完各值后的结束符默认为换行 举例：print(2022,9,10,sep='-')　#2022-9-10 　　　print('Hello,',end=' ') #不换行，结束符指定为空格 　　　print('Li Lei')　　　　　#输出：Hello,Li Lei
输入 input	原型：input(prompt='') 注意：不管输入的是数值、字符串还是其他类型，该函数均返回其对应的字符串类型 举例：a = input('输入整数：')　#输入 2 回车 　　　type(a) #str 类型，即 a = '2'，而非 a = 2 方案：使用 int、float 提取整数、浮点数字符串中的数值，使用 eval 函数提取字符串数据 　　　a = eval(input('输入整数：')) #输入 2，eval 把'2'转换为数字 2 　　　type(a)　　　　　　　　#int 类型
标准库	安装：不需安装，在安装 Python 程序过程中已自动安装。 导入调用方式主要有几种 方式 1：import 模块名，调用格式：模块名.函数名() 　　　import math 　　　math.sqrt(3)　#sqrt 开平方根函数，传入非负值 方式 2：from 模块名 import 函数，调用格式：函数名() 　　　from math import fabs #求绝对值函数，返回浮点数 　　　fabs(-3.5)　　　　#返回 3.5 　　　fabs(-3)　　　　　#返回 3.0

续表

知 识 点	说　　明
标准库	方式3：impor 模块名 as 模块别名 　　　　from 模块 impor 函数 as 函数别名 以下均是正确的导入方式。 import pandas as pd　　　　　　　#为模块起别名 pd from matplotlib import pyplot as plt　#为函数起别名 import matplotlib.pyplot as plt　　　#为函数起别名
第三方库	安装：pip install 模块名 例如：pip install pandas 　　　pip install matplotlib 导入调用方式同标准库。

习题 1

理论知识

一、选择题

1．Python 源程序执行的方式是（　　　）。

　　A．编译执行　　　　　B．解释执行　　　　　C．直接执行　　　　　D．边编译边执行

2．Python 不支持的数据类型是（　　　）。

　　A．数值型　　　　　B．字符型　　　　　C．字符串型　　　　　D．列表

3．Python 源程序文件的扩展名为（　　　）。

　　A．python　　　　　B．py　　　　　C．java　　　　　D．c

4．下列是幂指数运算符的是（　　　）。

　　A．*　　　　　B．//　　　　　C．**　　　　　D．%

5．以下能输出"2021-3-11"的语句是（　　　）。

　　A．print(2021,-3,-11)

　　B．print(2021,3,11,end='-')

　　C．print(2021,3,11,sep='-')

　　D．print(2021)

　　　　print(-3)

　　　　print(-11)

6．已知有如下代码：

```
a = input('输入整数：')  #输入 5
a += 2
print('a=',a)
```

若从键盘输入 5，则运行程序的输出结果是（　　　）。

　　A．a=7　　　　　B．a= 7　　　　　C．'a'=7　　　　　D．程序错误

7．以下语法正确的是（　　　　）。

A．from math import sqrt

sqrt(4)

B．from math import sqrt

math.sqrt(4)

C．import math

sqrt(4)

D．from math import fabs　　#求绝对值函数，返回浮点数

math.fabs(-3.5)

上机实践

1．安装 Python 3 程序，配置环境变量，并在 IDLE 交互式开发环境中验证简单的加、减、乘、除、取商、取余等运算。

2．使用记事本编辑源程序 Test.py，在命令提示符窗口中调用 Python 解释器解释执行该文件，输出如下内容。

手脑并用，双手万能

Life is short,I use Python

3．通过 Anaconda 安装 Jupyter Notebook 集成开发环境，从键盘输入一个数值，调用 math 库计算其绝对值，并输出。

4．从键盘输入平时成绩和期末卷面成绩，占比分别为 40% 和 60%，计算期末总成绩，保留小数点后 2 位。

5．从键盘输入三角形的三条边，计算其周长和面积，保留小数点后 3 位。

提示：设三条边分别为 a、b 和 c，周长的一半 $s = (a + b + c) / 2$

海伦公式：　$area = \sqrt{s(s-a)(s-b)(s-c)}$

项目 2　简易计算器——分支结构

项目目标

● **知识目标**

本项目将学习分支结构，包括隐式双分支 if、显式双分支 if-else 和级联多分支 if-elif-else 等结构和执行流程。

● **技能目标**

能够使用分支结构解决实际问题。

● **素养目标**

人生像程序一样在不同的阶段可能面临不同的人生选择，比如毕业班学生将面临诸如就业、深造、创业等多种选择，选择无好坏之分，适合自己的才是最好的。每一种选择都要满足一定条件，需要努力为之奋斗才能实现，要为未来提前规划，未雨绸缪。

项目描述

设计一个简易计算器，根据输入数字进行加（+）、减（-）、乘（*）、除（/）、相除取商（//）、相除取余（%）等进行相应的运算，并输出其运算结果。

任务列表

任 务 名 称	任 务 描 述
任务 1 判断考试是否通过——if-else 双分支	if-else 显式双分支结构
任务 2 判断商品是否有促销活动——if 分支	if 隐式双分支结构，format 函数
任务 3 根据成绩判断等级——if-elif-else	if-elif-else 级联多分支结构

本项目包含 3 个任务，如图 2-1 所示。首先通过"判断考试是否通过"的任务入门分支结构，然后再通过"判断商品是否有促销活动"任务讲述 if 分支，最后通过"根据成绩判断等级"任务讲解级联多分支结构的应用。

图 2-1　本项目包含任务

2.1　任务 1　判断考试是否通过——if-else 双分支

任务目标

➢ 掌握 if-else 分支结构
➢ 掌握 if-else 的执行流程
➢ 能够使用 if-else 解决实际问题

【**任务描述**】输入一成绩，判断其是否及格，成绩大于等于 60 分及格，小于 60 分不及格。

【**任务分析**】两种可能，相当于有两个房间，若成绩大于等于 60 分即及格，则进入 A 房间，接受"嘉奖"；否则，进入 B 房间，接受"心理安慰、学业辅导"。

【**任务类型**】本任务属于满足不同条件执行不同分支的情况。可使用显式双分支结构 if-else 实现。

2.1.1　知识点：if-else 分支结构

1．语法格式

```
if 条件表达式：          #A 房间
    语句 A₁
    语句 A₂
    …
    语句 Aₘ
else：                 #B 房间
    语句 B₁
    语句 B₂
    …
    语句 Bₙ
后续语句…               #继续赶路
```

【**注意**】if 体和 else 体既可以是一条语句，也可以是多条语句，注意缩进。

2．执行流程

【**打个比方**】好比有 A、B 两个房间，必须且只能选择进入一个，如果 if 后条件表达式的值为逻辑真，则进入 A 房间，执行其内的若干条语句即 if 体（语句组 A）；否则，进入 B 房间，执行其内的 else 体（语句组 B）。

不管进入 A、B 两者中的哪个房间，从房间出来之后都继续执行 if-else 之后的"后续语句"。if-else 的执行流程，如图 2-2 所示。

【**示例**】输入一数值，输出其绝对值。

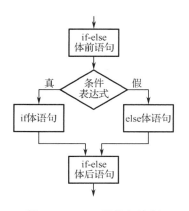

图 2-2　if-else 的执行流程

【参考代码】

```
n = eval(input('输入数值: '))
if n < 0 :
    print('绝对值为: ',(-1 * n),sep='')
else:
    print('绝对值为: ',n,sep='')
```

【运行结果】

```
输入数值: -5.1
绝对值为: 5.1
```

2.1.2 任务实施

使用 if-else 分支结构判断成绩是否及格的程序如下。

【参考代码】

```
sc = eval(input('输入成绩: '))
if sc >= 60 :
    print('\n 进入 A 房间')   #转义字符\n 表示换行
    print('恭喜您! 通过考试! ')
    print('请戒骄戒躁! ')
else :
    print()                  #输出换行
    print('进入 B 房间')
    print('很遗憾! 未通过考试! ')
    print('请不要气馁! ')
print('\n 继续努力')         #if-else 之后的语句, 均要执行
```

【运行结果 1】

```
输入成绩: 58

进入 B 房间
很遗憾! 未通过考试!
请不要气馁!


继续努力
```

【运行结果 2】

```
输入成绩: 96

进入 A 房间
恭喜您! 通过考试!
请戒骄戒躁!


继续努力
```

2.2　任务 2 判断商品是否有促销活动——if 分支

任务目标

➤ 掌握 if 分支结构
➤ 掌握 if 分支结构的执行流程
➤ 能够使用 if 分支结构解决实际问题

【任务描述】一商店为提升工作日的销售额，策划了优惠促销活动，星期一、二、四这三天，凡一次性购物总额在 200 元以上的，减免 30 元。帮顾客计算要付的金额。

【任务分析】这是考虑特殊情况的任务，默认没有任何优惠，只有在满足一定条件（优惠日且同时满足购物金额达 200 元）方可享受减免 30 元优惠，即只有满足一定条件才享受优惠。

【任务类型】本任务属于有默认操作的情况，在满足一定条件下才执行特殊操作的情景，可使用 if 分支结构实现。

2.2.1　知识点 1：if 分支结构

1. 语法格式

```
if 前语句           # if 前语句
if 条件表达式 :
    语句 A_1
    语句 A_2
    …
    语句 A_n
if 后语句…          # if 后语句
```

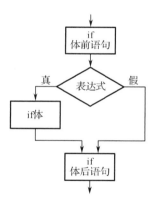

图 2-3　if 分支流程图

2. 执行流程

【打个比方】好比有个人在赶路，遇到一个超市，只有满足一定条件（兜里有钱），才进入超市买瓶水。不管进没进超市，都要继续往前赶路（执行 if 后的语句）if 分支流程，如图 2-3 所示。

【示例】假设 A 地到 B 地车票原价为 105 元，为弘扬尊老爱幼传统美德，车站规定，凡老人（60 岁以上）和儿童（10 岁以下）享受半价优惠。

【参考代码】

```
price = 105
age = eval(input('输入年龄：'))
if age >= 60 or age < 10:        #or 逻辑或：两者满足其一即可
    price /= 2
print('您的年龄：%d 岁,票价为：%.2f 元' % (age,price))
```

【运行结果 1】

输入年龄：9

您的年龄：9 岁，票价为：52.50 元

【运行结果 2】

输入年龄：23
您的年龄：23 岁，票价为：105.00 元

【运行结果 3】

输入年龄：63
您的年龄：63 岁，票价为：52.50 元

2.2.2　知识点 2：字符串格式化函数 format

当某些数据不能提前确定是整型还是浮点型数时，就不好确定其格式控制符是%d 还是%f，故 print 格式控制已不能更好地满足这类要求。字符串格式化函数 format 能更好地解决这类问题。

1．format 格式

```
string.format(数据项列表)
```

2．说明

其中 string 为字符串，其中包含若干个大括号{}，即替换位置，执行时，依次把 string 中的每个{}用 format 数据项列表中的各对应项的值进行替换，而不用考虑数据类型。

【示例】

● 原样输出数据项　'{}'.format(data)。

【示例 1】

```
'姓名：{}'.format('张三')          #'姓名：张三',可为字符串数据
'数据为{}'.format(3.14)           #'数据为：3.14',可以为浮点数
'年龄：{}岁'.format(8)            #'年龄：8 岁',可以为整数
'{}年龄为{}'.format('张三',21)     #'张三年龄为21',多个{}可不同类型
```

● 保留小数点后 n 位　'{:.nf}'.format(num)。

【示例 2】保留圆周率小数点后四位。

```
import math
'圆周率为：{:.4f}'.format(math.pi)  #'圆周率为：3.1416'
```

2.2.3　任务实施

使用 if 分支结构判断顾客是否享受促销优惠。

【参考代码】

```
ls = ['星期一','星期二','星期四']        #优惠活动时间集，[]()均可
wk = input('输入星期：')               #保留字符串
total = eval(input('输入购物金额：'))
if(wk in ls)and(total >= 200):        #and 同时满足
```

```
    print('享受优惠')
    total -= 30
print('您应付金额为：{}'.format(total))
```

【运行结果 1】星期和金额均满足

```
输入星期：星期一
输入购物金额：203
享受优惠
您应付金额为：173
```

【运行结果 2】星期不满足

```
输入星期：星期三
输入购物金额：270
您应付金额为：270
```

【运行结果 3】金额不足 200

```
输入星期：星期四
输入购物金额：197
您应付金额为：197
```

2.3　任务 3　根据成绩判断等级——if-elif-else

任务目标

➢ 掌握 if-elif-else 级联多分支结构
➢ 掌握 if-elif-else 级联多分支结构的执行流程
➢ 能够使用级联多分支结构解决实际问题

【任务描述】输入一成绩，判断其对应等级，90 分及以上为优秀，大于等于 80 分且小于 90 分为良好，大于等于 60 分且小于 80 分为及格，小于 60 分为不及格。

【任务分析】该任务有 4 种情况，属于多分支情况，可使用 if-elif-else 级联多分支实现。

2.3.1　知识点：if-elif-else 级联多分支结构

1. 语法格式

```
if 条件表达式 1：
    语句组 1
elif 条件表达式 2：
    语句组 2
…
elif 条件表达式 n：
    语句组 n
```

```
else :               #else 部分，可有可无
    其他语句组
```

说明：该结构中可含有 1 个或多个 elif 部分，else 部分可省略。

2. 执行流程

从前往后依次判断各条件表达式的值，如果某个条件表达式成立，即为逻辑真，则执行其对应的语句组，并终止整个多分支结构的执行。如果上述所有表达式均不成立，即均为逻辑假且含有 else 部分时，则执行对应的 else 部分语句组。

【示例】假设根据输入指令控制小车的运动状态，字母 F 或 f 表示前进，B 或 b 表示后退，L 或 l 表示左转，R 或 r 表示右转，其他为错误指令。

【参考代码】

```
cmd = input('输入指令：')
if cmd == 'F' or cmd == 'f':      #关系运算符==   赋值运算符=
    print('前进')
elif cmd == 'B' or cmd == 'b':
    print('后退')
elif cmd == 'L' or cmd == 'l':
    print('左转')
elif cmd == 'R' or cmd == 'r':
    print('右转')
else:
    print('错误指令')
```

【运行结果 1】

```
输入指令：b
后退
```

【运行结果 2】

```
输入指令：L
左转
```

【运行结果 3】

```
输入指令：q
错误指令
```

2.3.2 任务实施

【参考代码 1】按分数从高到低依次判断，使用>=。

```
sc = eval(input('输入成绩：'))
if sc > 100 or sc < 0:
    print('输入错误')        #先排除非法成绩输入
elif sc >= 90:
```

```
    print('优秀')
elif sc >= 80:
    print('良好')
elif sc >= 60:
    print('及格')
else:
    print('不及格')
```

【参考代码2】按分数从低到高依次判断，使用<。

```
sc = eval(input('输入成绩: '))
if sc > 100 or sc < 0:
    print('输入错误')
elif sc < 60:
    print('不及格')
elif sc < 80:
    print('及格')
elif sc < 90:
    print('良好')
else:
    print('优秀')
```

【运行结果1】

```
输入成绩: 103
输入错误
```

【运行结果2】

```
输入成绩: 78
及格
```

【运行结果3】

```
输入成绩: 96
优秀
```

2.4　项目实施

【项目分析】该简易的计算器可以使用 if-elif-else 级联多分支结构实现。
【参考代码】

```
print('''
-----------------------
    欢迎使用简易计算器
    选择操作序号:
        1. 加法
```

```
                2．减法
                3．乘法
                4．除法
                5．取商
                6．取余
        ----------------------
            ''')
n1 = eval(input('输入操作数 1：'))
n2 = eval(input('输入操作数 2：'))
op = input('输入操作序号（1~6）：')
if op == '1':
    print('{} + {} = {}'.format(n1,n2,n1 + n2))
elif op == '2':
    print('{} - {} = {}'.format(n1,n2,n1 - n2))
elif op == '3':
    print('{} * {} = {}'.format(n1,n2,n1 * n2))
elif op == '4':
    print('{} / {} = {}'.format(n1,n2,n1 / n2))      #除运算符 4/2=2.0（浮点）
elif op == '5':
    print('{} // {} = {}'.format(n1,n2,n1 // n2))     #取商运算符//
elif op == '6':
    print('{} % {} = {}'.format(n1,n2,n1 % n2))       #取余（模）运算符%
else:
    print('不支持的运算！')
```

【运行结果 1】

```
----------------------
    欢迎使用简易计算器
    选择操作序号：
        1．加法
        2．减法
        3．乘法
        4．除法
        5．取商
        6．取余
----------------------

输入操作数1：11
输入操作数2：4
输入操作序号（1~6）：3
11 * 4 = 44
```

【运行结果 2】

```
----------------------
    欢迎使用简易计算器
    选择操作序号：
        1．加法
        2．减法
        3．乘法
        4．除法
        5．取商
        6．取余
----------------------

输入操作数1：11
输入操作数2：4
输入操作序号（1~6）：6
11 % 4 = 3
```

2.5 项目小结

本项目主要介绍了 if 隐式双分支、if-else 显式双分支、if-elif-if 级联多分支结构的应用场景。

2.5.1 主要知识点

主要知识点小结如表 2-1 所示。

表 2-1 项目 2 主要知识点小结

知 识 点	示 例	说 明
if 分支 结构	if 条件表达式： 　　语句组 A	隐式双分支：执行语句组 A 和不执行该语句组 A 两种情况
if-else 分支结构	if 条件表达式： 　　语句组 A else： 　　语句组 B	显式双分支：当条件表达式的值为逻辑真时，执行语句组 A，否则执行语句组 B
if-elif-else 分支结构	if 条件表达式 1： 　　语句组 1 elif 条件表达式 2： 　　语句组 2 … elif 条件表达式 n： 　　语句组 n else： 　　其他语句组	该 if-elif-else 级联多分支结构的执行流程是： 从前往后依次判断各表达式的值，如果某表达式的值为真，则执行对应的分支语句组，并终止整个多分支结构。若所有表达式的值均为假，且含有 else 时，则执行对应的 else 语句组。 else 部分可以省略

2.5.2 易错知识点

易错知识点小结如表 2-2 所示。

表 2-2 易错知识点小结

易错知识点	错 误 示 例	说 明
if 结构常见错误 1	缩进不当，造成逻辑混乱。 sc = 85 if sc >= 60 : 　　print('祝贺您通过考试！') else : 　　print('很遗憾，没通过考试！') print('还需要再考一次！') 正确逻辑如下： sc = 85 if sc >= 60 : 　　print('祝贺您通过考试！') else : 　　print('很遗憾，没通过考试！') 　　print('还需要再考一次！')	Python 语句的逻辑是靠缩进体现的

续表

易错知识点	错误示例	说明

级联多分支 if-elif-else 条件的重复包含，逻辑混乱	条件重复包含的情况：
	sc = eval(input('输入成绩：'))
	if sc >= 90:
	    print('优')
	elif sc >= 80 and sc < 90: #重复包含 sc<90
	    print('良')
	elif sc >= 70 and sc < 80: #重复包含 sc<80
	    print('中')
	elif sc >= 60 and sc < 70: #重复包含 sc<70
	    print('及格')
	elif sc<60 : #重复包含 sc<60
	    print('不及格')
	
	正确规范的代码如下：
	sc = eval(input('输入成绩：'))
	if sc >= 90:
	    print('优')
	elif sc >= 80 :
	    print('良')
	elif sc >= 70 :
	    print('中')
	elif sc >= 60 :
	    print('及格')
	else :
	    print('不及格')
		条件的重复包含，虽然既无语法错误，也无运行时错误，且能得到正确结果，但为规范起见，本教材把这种逻辑不清晰的程序视为"错误"

分支结构中条件表达式的值应为逻辑值	a = eval(input('输入整数：'))
	if a = 5 : #误写成赋值表达式
	    print('a 等于 5')
	else:
	    print('a 不等于 5')
		a = 5 为赋值表达式，其结果非逻辑值，故错误。
		a == 5，为关系表达式，其值为逻辑值

习题 2

理论知识

一、选择题

1. 下列不属于程序流程结构的是（   ）。

    A．顺序   B．分支   C．函数   D．循环

2. 以下不是 Python 正确分支结构的是（   ）。

    A．if   B．if-else   C．if-elseif-else   D．if-elif-else

3．Python 中条件表达式的值有两种，分别为（　　）。

　　A．true false　　　　B．零和非零　　　　C．True False　　　　D．0 和 1

4．以下程序的输出结果是（　　）。

```
a,b,c = 8,6,3
if a > b :
    if b > 0:
        if c < 0:
            c += 2
        c += 1
print("c = %d" % c)
```

　　A．c = 3　　　　　　B．c = 4　　　　　　C．c = 5　　　　　　D．语法错误

二、判断题

1．if-elif 多分支结构中必须含有 else 分支，否则语法报错。（　　　）

2．if-else 结构中，必执行其中一条分支。（　　　）

3．分支结构不支持嵌套使用。（　　　）

4．if-elif-else 分支结构可处理多分支情况。（　　　）

三、程序分析题

1．阅读以下程序，输出其运行结果。

```
i = 3
j = 4
if i > j:
    print('{}大于{}'.format(i,j))
elif i == j:
    print('{}等于{}'.format(i,j))
else:
    print('{}小于{}'.format(i,j))
```

上机实践

1．编程实现打擂台算法，求三个整数中的最大值，并输出。

2．输入一个英文字母，如果是大写字母，直接输出，如果是小写字母，则转换成对应大写字母后输出。

3．输入年龄，如果大于等于 18 岁，输出已成年，否则输出未成年。输出格式如下。

```
年龄：19，已成年
年龄：16，未成年
```

4．输入一个范围的下限和上限，自学随机数模块 random 中 randint 函数用法，生成该范围内的一个随机整数，判断并输出该随机数是奇数还是偶数。输出格式如下。

```
【示例1】
输入下限：3
```

输入上限：9

随机数 7 为奇数

【示例 2】

输入下限：8

输入上限：29

随机数 18 为偶数

5. 从键盘输入两个操作数（浮点型）及一个运算符（+、−、*、/、**等），做相应的运算并输出结果。注意除数不能为 0，商按四舍五入保留小数点后 3 位。

提示：可能用到分支结构的嵌套，输出格式如下。

【示例 1】

操作数 1：3.4

操作数 2：1.1

运算符：+

3.4 + 1.1 = 4.5

【示例 2】

操作数 1：7

操作数 2：0

运算符：/

除数不能为 0

【示例 3】

操作数 1：5

操作数 2：9

运算符：/

5 / 9 = 0.556

6. 有一个分段函数：$y=x$ ($x<3$)、$y=2x-3$ ($3 \leqslant x<7$)、$y=3x-10$ ($x \geqslant 7$)。输入 x 的值，计算并输出相应的 y 值。

项目 3 循环结构

- 熟练掌握循环结构
- 熟练掌握 while 循环结构和 for 循环的使用场景及相互转换
- 掌握循环结构中 continue 和 break 的区别
- 掌握循环的嵌套结构

项目目标

- **知识目标**

本项目将学习循环的概念，及 while、while-else、for、for-else 循环结构特点及执行流程。循环流程改变语句 continue 和 break 的区别，以及在单重循环和循环嵌套中的作用。

- **技能目标**

能够使用循环结构解决实际问题。

- **素养目标**

学习、生活和工作往往是简单的事情重复多次。

项目描述

本项目首先简要介绍两种基本的循环语句，接着介绍循环流程跳转的两种语句 break 和 continue 及其区别，最后重点介绍循环的嵌套结构。

任务列表

任 务 名 称	任 务 描 述
任务 1 抓娃娃游戏——while 循环	while 循环结构
任务 2 猜数字谜游戏——循环流程控制	循环流程控制语句 break、continue；while-else 循环结构
任务 3 模拟发红包游戏——for 循环、列表	for 循环结构、range、random

把重复执行一组"相同"或"相似"操作的流程结构称为循环，该组"相同"或"相似"的操作语句集合被称为循环体。Python 语言主要支持 while、for 等两种形式的循环结构。

3.1 任务 1 抓娃娃游戏——while 循环

任务目标

➢ 掌握 while 循环结构

➢ 能够使用循环结构解决实际问题

【任务描述】抓娃娃游戏玩一局需要 3 元钱，根据充值卡中的金额判断还能玩几局。

【任务分析】当（while）充值卡中的余额（balance）大于等于 3 元时，游戏一直进行（重复），同时每次支付 3 元，即 balance-=3，直到 balance 小于 3 元时，游戏终止。

【任务类型】本任务属于当满足一定条件时就一直执行某操作的情景，故可使用循环结构实现。

3.1.1 知识点：while 循环结构

1. 语法格式

```
while Exp_cntrl:
    语句组 A
```

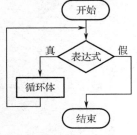

图 3-1　while 循环流程图

2. 执行流程

首先判断循环控制表达式 Exp_cntrl 的值，当该表达式的值为逻辑真（True）时，会一直执行循环体（语句组 A），直到表达式的值为逻辑假（False）时，结束循环体执行。while 循环流程图，如图 3-1 所示。

通常把循环控制表达式 Exp_cntrl 中含有的变量，称为循环控制变量。为了避免程序陷入死循环，必须要有能改变循环控制变量的操作，使循环控制表达式 Exp_cntrl 的值为逻辑假，以终止循环。

【示例】计算 100 以内所有奇数的和。

【分析】题目要求是求和，故定义求和变量为 s，并初始化为 0。遍历 100 以内所有的奇数，并累加到求和变量 s 中，设当前奇数为 i，并初始化为第一个奇数 1，则 i 为循环控制变量。当 i 小于等于 100 时，程序一直进行两个操作（循环体）：①把当前的奇数 i 累加到求和变量 s 上；②把 i 更新为下一个奇数，即循环控制变量的增量。

【参考代码】

```
s = 0                  #求和变量 s，初始化为 0
i = 1                  #循环控制变量 i 的初始化
while i <= 100 :       #循环控制表达式的判断
    s += i
    i += 2             #循环控制变量的增量
print("sum = %d" % s)  #输出求和结果
```

【运行结果】

```
sum = 2500
```

3.1.2　任务实施

【分析】

（1）定义变量 balance 表示充值卡余额，其金额从键盘输入，cost 表示每局所需费用，默认为 3 元，该费用后续可调整，n 用来统计总共玩了几局，初始值为 0。

```
balance = eval(input('充值卡余额（元）: '))
cost = 3
n = 0
```

（2）当余额 balance 够玩一局的花费 cost，即 balance >= cost 时，游戏一直进行，即可采用 while 循环结构，每次游戏均执行三项操作（循环体）：游戏次数加 1，即 n += 1，从充值卡中扣除一次游戏的费用 cost，即 balance -= cost，打印每局提示及好运信息。

（3）当余额 balance 不足一次游戏费用 cost 时，整个游戏结束，打印游戏次数及卡上当前余额等信息。

【参考代码】

```
balance = eval(input('充值卡余额（元）: '))    #输入当前余额
cost = 3                                      #每局游戏费用，可调整
n = 0                                         #统计共玩的局数
while balance >= cost :                       #只要余额大于等于 cost，一直进行
    n += 1                                    #累加次数
    balance -= cost                           #从余额中扣除费用
    print('第{}局游戏开始，祝您好运'.format(n))
#循环结束
print('------------------------')
print('您共玩了{}局'.format(n))
print('充值卡余额{}元，余额不足！'.format(balance))
```

【运行结果】

```
充值卡余额（元）: 23
第 1 局游戏开始，祝您好运
第 2 局游戏开始，祝您好运
第 3 局游戏开始，祝您好运
第 4 局游戏开始，祝您好运
第 5 局游戏开始，祝您好运
第 6 局游戏开始，祝您好运
第 7 局游戏开始，祝您好运
------------------------
您共玩了 7 局
充值卡余额 2 元，余额不足！
```

3.1.3 巩固案例

【案例 1】输入任意一个十进制正整数，将其"反序"后输出（若输入：1234，则输出：4321）。

【分析】经分析本题主要涉及两个操作：一是把原数从最低位到最高位逐位分离，如 4、3、2、1；二是按照分离出的顺序，用分离出的数字组成新的十进制整数 4321。

1. 把 n=1234 按从低到高位逐位分离

方法和步骤如下。

（1）分离个位数字：4。用 n（1234）除以 10 取余，即 n％10，得个位数 4，然后再用 n（1234）除以 10 取整，即 n = 1234 // 10 = 123。

（2）分离十位数字：3。用 n（123）除以 10 取余，即 n％10，得个位数 3，然后再用 n（123）除以 10 取整，即 n = 123 // 10 = 12。

（3）分离百位数字：2。用 n（12）除以 10 取余，即 n％10，得个位数 2，然后再用 n（12）除以 10 取整，即 n = 12 // 10 = 1。

（4）分离千位数字：1。用 n（1）除以 10 取余，即 n％10，得个位数 1，然后再用 n（1）除以 10 取整，即 n = 1 // 10 = 0，即当 n=0 时，原数的各位数字均已分离出来。

分析可知，上述各位数字的分离过程是重复执行 t = n％10 和 n = n // 10 两条语句，直到 n = 0 为止。故可采用 while 循环结构，代码框架如下：

```
while n != 0 :
    t = n % 10    #t:当前 n 分离出的低位数字
    ...
    n //= 10       #去除已分离出的当前低位后的数值，为下一次分离次低位做好准备
```

2. 把各位数字按分离出的顺序组成一个新的十进制整数

先分离出的位（原数据的低位）作为新十进制数的高位，后分离出的位（原数据的高位）作为新十进制数的低位。

若用逐位分离出来的 4、3、2、1 组成一个新的十进制整数 m，则组建 m 的步骤如下。

（1）设新组成的十进制数 m 初始化为 0。

（2）m（0）扩大 10 倍，即原 m 的各位均向左（高位）移动 1 位，再加上刚分离出的数位 4，即 m = m * 10 + 4 = 0 * 10 + 4 = 0 + 4 = 4。

（3）m（4）扩大 10 倍，即原 m 的各位均向左（高位）移动 1 位，再加上刚分离出的数位 3，即 m = m * 10 + 3 = 4 * 10 + 3 = 40 + 3 = 43。

（4）m（43）扩大 10 倍，即原 m 的各位均向左（高位）移动 1 位，再加上刚分离出的数位 2，即 m = m * 10 + 2 = 43 * 10 + 3 = 430 + 2 = 432。

（5）m（432）扩大 10 倍，即原 m 的各位均向左（高位）移动 1 位，再加上刚分离出的数位 1，即 m = m * 10 + 1 = 432 * 10 + 1 = 4320 + 1 = 4321。

完善上述代码框架如下：

```
m = 0
while n != 0 :
    t = n % 10      #分离 n 的当前低位数字
    m = m * 10 + t  #原 m 的各位作为高位，刚分离出的 t 作为低位，组成新 m
    n //= 10         #去除已分离出的当前低位，为下一次分离次低位作准备
```

【参考代码】

```
m = 0    #反序后的数，初始化为 0
n = eval(input('反序前: '))
```

```
while n != 0 :       #直到 n 分解为 0 循环才终止
    t = n % 10
    m = m * 10 + t
    n //= 10
print("反序后：{}".format(m))
```

【运行结果】

```
反序前：12345
反序后：54321
```

【案例2】计算并输出 1-3+5-7+…-99 的值。

【分析】本题是重复执行"把当前数据项 item，如 1、-3、5、-7…等累加到求和变量 s 上"的相似操作，故采用循环结构。循环算法的关键是要确定循环条件表达式和循环体语句。

每个数据项 item 由符号位 sign 和数值位 n 两部分组成。

循环控制变量及初始条件确定：由题意可知，数据项的数值位 n 作为该题的循环控制变量，初值为 n=1。其他变量初始值为求和变量 s=0，符号位 sign。由于第一个数据项为 1 即+1，故符号位初始为 sign=1。

循环条件表达式的确定：循环控制变量 n 的起止值，起始值为 1，终止值为 99。故循环条件表达式为 n<=99。

循环体确定：该题的循环体语句包括三部分操作：

（1）组建当前数据项 item（由符号位 sign 和数值位 n 组成），即 item =sign* n。

（2）把各个当前数据项累加到求和变量 s 上，即 s+=item。

（3）然后改变下一个数据项的符号位 sign 及数值位 n，符号位与前一项相反，即 sign*=-1，数值位 n 的改变也就是循环控制变量的增量部分，比前一项大 2，即 n+=2。

案例 2 执行流程图如图 3-2 所示。

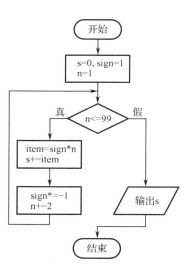

图 3-2　案例 2 执行流程

【参考代码】

```
s = 0                #求和变量，初值为 0
sign , n = 1, 1      #首项的符号位和数值位
while n <= 99 :
    item = sign * n  #组建当前项
    s += item        #累加当前项
    sign *= -1       #改变下一项的符号位
    n += 2           #改变下一项的数值位
print('sum = {}'.format(s))
```

【运行结果】

```
sum = -50
```

【动手练一练】

1．输入一个 n 值，求算术表达式 $1+1/2+1/3+\cdots+1/n$ 的值。

2．输入一个十进制正整数，计算并输出该整数是几位数。如 123 是 3 位数，1000 是 4 位数。

3.2 任务 2 猜数字谜游戏——循环流程控制

Python 控制程序流程跳转的语句通常有 break、continue、return 等。本节主要讲解前两种流程跳转语句，return 语句通常用在被调函数执行结束后，返回调用者处的流程跳转，将在函数项目中讲解。

任务目标

➢ 掌握 break、continue 等流程跳转语句在循环流程控制中的应用

➢ 掌握 while–else 循环结构

➢ 能够使用循环流程控制结构解决实际问题

【任务描述】 设计一个猜数字游戏，随机生成 1 到 100 之间的一个整数，玩家总共有 5 次机会，每次输入所猜数字，程序给出相应的提示信息（"再大一点"、"再小一点"或"$恭喜您猜中了$"），如果猜中了，提示"$恭喜您猜中了$"，"总共猜了*次"，游戏结束，否则游戏继续；总共有 5 次机会，若均没猜中，则提示"很遗憾，今天运气不好！"并退出循环。

【任务分析】 猜数字游戏是一直执行相似的操作，直到猜中为止，故采用循环结构。但是循环有两种终止情况，一种是 5 次机会全部用完均为猜中，正常停止；还有一种是猜中了提前停止。

【任务类型】 本任务需要用到改变循环执行流程的语法。

3.2.1 知识点 1：break 语句

当执行到循环体中的 break 语句时，将终止 break 所在层的循环，从该层循环体之后的语句继续执行。

单重循环情况：这里选用 while 循环结构示意，对 for 循环结构也同样适用。循环嵌套中 break 的使用方法将在后面项目中讲解。

1．语法格式

```
while 循环判断表达式:
    循环体内 break 前的语句组
    if 条件表达式 :
        break
    循环体内 break 后的语句组
循环结构后的语句组
```

2．执行流程

在循环体中，当执行到 break 语句时，终止 break 所在层的循环，即"循环体内 break 后的语句组"部分将不再被执行，程序执行流程从"循环结构后的语句组"处，继续往后执行。

【示例】

【示例 1】分析以下程序，输出其运行结果。

【程序代码】

```
n = 0
print('按约定工作 5 天')
print('------------')
while n < 5 :
    n += 1
    print('第{}天打卡'.format(n))
print('------------')
print('完成约定')
```

【分析】

循环控制变量 n 的初值为 0，只要 n<5 就一直执行，故 n 的取值范围为 0、1、2、3、4，故循环体共执行 5 次。执行 5 次后循环结构正常终止，接着继续执行循环结构后的打印分割线及"完成约定"信息的语句。

【运行结果】

```
按约定工作 5 天
------------
第 1 天打卡
第 2 天打卡
第 3 天打卡
第 4 天打卡
第 5 天打卡
------------
完成约定
```

【示例 2】分析以下程序，输出其运行结果。

【程序代码】

```
n = 0
print('按约定工作 5 天')
print('------------')
while n < 5 :
    n += 1
    if n == 4 :
        print('发现合同有问题')
        break
    print('第{}天打卡'.format(n))
print('------------')
print('提前终止合作')
```

【分析】

若去掉循环体中 if 结构，则是普通的 while 循环结构，与上例相似。

```
if n == 4 :
    print('发现合同有问题')
    break
```

当 n==4 时，出现"特殊情况"，先执行打印"发现合同有问题"这行代码，然后执行 break 语句。在单层循环中，当执行到 break 时，立刻终止执行整个循环结构，故"第 4 天打卡"、"第 5 天打卡"均不会被打印出来，执行流程跳转到循环结构后的第一条语句，即打印分界线处继续往后执行。

【运行结果】

```
按约定工作 5 天
-------------
第 1 天打卡
第 2 天打卡
第 3 天打卡
发现合同有问题
-------------
提前终止合作
```

3.2.2 知识点 2：continue 语句

在循环体中设置 continue 语句，同样可以改变循环的执行流程，只是它不像 break 那样结束整个循环体，而是仅结束本次循环体的执行，提前进入下一次循环。

仍选用 while 循环结构示意。

1. 语法格式

```
while 循环判断表达式:
    循环体内 continue 前的语句组
    if 条件表达式 :
        continue
    循环体内 continue 后的语句组
循环结构后的语句组
```

2. 执行流程

在循环体中，当执行到 continue 语句时，本次循环体的执行流程将跳过"循环体内 continue 后的语句组"，继续执行"循环判断表达式"，即提前进入下一次的循环准备工作。

【示例】分析以下程序，输出其运行结果。

【程序代码】

```
n = 0
print('按约定工作 5 天')
print('------------')
while n < 5 :
    n += 1
    if n == 4 :
        print('身体不舒服，请假一天')
```

```
            continue
        print('第{}天打卡'.format(n))
print('------------')
print('仅请了一天假')
```

【分析】

当执行到循环体中的 if 结构时，如果 n 等于 4，先执行打印"身体不舒服，请假一天"这行代码，然后执行 continue 语句，然后跳过打印"第 4 天打卡"这句话，并不结束循环结构，接着判断 n < 5 是否依然为逻辑真，即提前进入下一轮循环。

【运行结果】

```
按约定工作 5 天
------------
第 1 天打卡
第 2 天打卡
第 3 天打卡
身体不舒服，请假一天
第 5 天打卡
------------
仅请了一天假
```

3.2.3　知识点 3：while-else 循环结构

1．语法格式

```
while Exp_cntrl:
    语句组 A
else:
    语句组 B
```

说明：else 部分可有可无。

2．执行流程

当循环条件表达式 Exp_cntrl 的逻辑值为假（False），即循环体执行正常结束时，如果含有 else 部分，则执行一次对应的 else 部分（语句组 B）。如果循环执行非正常结束，则不会执行 else 部分。

【示例 1】 分析以下程序，输出其运行结果。

【程序代码】

```
n = 0
print('按约定工作 5 天')
print('------------')
while n < 5 :
    n += 1
    print('第{}天打卡'.format(n))
else :
```

```
    print('------------')
    print('合作愉快')
print('------------')
print('下次继续合作')
```

【分析】

该 while 循环体中无 break，循环最后正常结束，故执行 else 部分，打印分界符和"合作愉快"两条信息，这时整个 while-else 结构才执行结束，接着执行 while-else 结构后的部分，即打印分界符和"下次继续合作"。

【运行结果】

```
按约定工作 5 天
------------
第 1 天打卡
第 2 天打卡
第 3 天打卡
第 4 天打卡
第 5 天打卡
------------
合作愉快
------------
下次继续合作
```

【示例 2】分析以下程序，输出其运行结果。

【程序代码】

```
n = 0
print('按约定工作 5 天')
print('------------')
while n < 5 :
    n += 1
    if n == 4 :
        print('发现合同有问题')
        break
    print('第{}天打卡'.format(n))
else :
    print('------------')
    print('合作愉快')
print('------------')
print('提前终止合作')
```

【分析】

该 while 循环体中有 break，循环提前非正常终止，故不执行 else 部分，这时整个 while-else 结构已执行结束，接着执行 while-else 结构后的部分，即打印分界符和"提前终止合作"。

【运行结果】

```
按约定工作 5 天
```

```
------------
第 1 天打卡
第 2 天打卡
第 3 天打卡
发现合同有问题
------------
提前终止合作
```

3.2.4　任务实施

【分析 1】

（1）导入 random 模块，调用 randint 函数生成 1 到 100 之间的随机整数作为谜底 ans。

```
import random
ans = random.randint(1, 100)
```

（2）输入第一次所猜数字 guess，次数 cnt 记为 1。

```
guess = int(input('请输入：'))
cnt = 1
```

（3）采用 while-else 循环结构，只要 guess != ans，循环即猜谜游戏就一直进行下去，当 guess == ans 时，猜中答案，即循环正常停止时，进入并执行 else 部分语句组（"恭喜您猜中了"）。其设计框架如下。

```
while guess != ans :    #未猜中才一直执行循环体
    #操作 1：次数已达五次，break 退出游戏
    #操作 2：根据所猜数值 guess 与谜底 ans 的比较，给出提示信息，分支结构
    #操作 3：再次输入所猜数值，cnt 加 1
else :
    #操作 4：猜中！祝贺语
```

【参考代码 1】

```
import random                # 导入随机数模块
ans = random.randint(1, 100) # 生成 1～100 之间的随机整数
#print(ans)                  # 打印谜底
guess = int(input('请输入：'))
cnt = 1                      # 将次数初始化为 1
while guess != ans :
    if cnt >= 5 :           # 次数大于 5 则退出这个系统
        print('------------------------')
        print('很遗憾，今天运气不好！')
        break
    elif guess < ans :
        print('再大一点')
    elif guess > ans :
```

```
        print('再小一点')
    guess = int(input('请输入: '))
    cnt += 1
else :
    print('-----------------------')
    print('$恭喜您猜中了$')
print('总共猜了{}次'.format(cnt)) #str.format()格式
```

【运行结果 1】设本次生成的随机谜底 ans=40

```
请输入: 50
再小一点
请输入: 35
再大一点
请输入: 45
再小一点
请输入: 40
-----------------------
$恭喜您猜中了$
总共猜了 4 次
```

【分析 2】

（1）导入 random 模块，调用 randint 生成随机谜底 ans，由于目前一次都没猜，故次数 cnt 初始化为 0。

```
import random
ans = random.randint(1, 100)
cnt = 0
```

（2）采用 while 循环结构，使用"死循环"貌似一直进行下去，然后在循环体中如果猜中了或所猜次数超过既定机会数，这两种情况均使用 break 终止循环的执行。其设计框架如下。

```
while True :        #"死循环"
    #操作1: 输入所猜数值 guess, cnt 加 1
    #操作2: 判断次数如果超过既定机会数, 则提示遗憾, 并通过 break 退出游戏
    #操作3: 判断 3 种情况, 若猜中, 祝贺并通过 break 终止游戏, 其他提示大点或小点
```

【参考代码 2】

```
import random                      # 导入随机数模块
ans = random.randint(1, 100)       # 生成 1~100 的随机整数谜底
#print(ans)
cnt = 0                            #目前未输入, 次数初始化为 0
while True :
    guess = int(input('请输入: '))
    cnt += 1                       # 将次数加 1
```

```
        if cnt >= 5 :                    #次数已达 5 次，则没机会了，退出游戏
            print('----------------------')
            print('很遗憾，今天运气不好！')
            break
        elif guess == ans :              #猜中
            print('----------------------')
            print('$恭喜您猜中了$')
            print('总共猜了%d次' % cnt)
            break
        elif guess < ans :               #猜小了，提示"再大一点"
            print('再大一点')
        else :                           #猜大了，提示"再小一点"
            print('再小一点')
```

【运行结果 2】设本次生成的随机谜底 ans=21

```
请输入：50
再小一点
请输入：30
再小一点
请输入：15
再大一点
请输入：20
再大一点
请输入：22
----------------------
很遗憾，今天运气不好！
```

3.3 任务 3 模拟发红包程序——for 循环、列表

任务目标

➢ 掌握 for 循环结构
➢ 掌握列表数据类型及 range 函数的使用
➢ 掌握随机数模块 random 的使用
➢ 能够使用 for 循环模拟生活中的应用场景

【任务描述】输入发放总金额及发放个数，随机生成每个红包的金额，并输出。

【任务分析】生成每个红包都是类似的操作：随机数函数生成随机金额、从总金额中扣除随机金额，故采用循环结构。把生成的每个红包金额存储到某个数据结构中，便于输出。本任务中将介绍 Python 中常见的数据类型——列表。

3.3.1 知识点 1：数据类型——列表

1. 列表定义格式

列表名 = [元素 0,元素 1,元素 2,…,元素 n-1]

注意：列表的下标从 0 开始，各个元素可以是相同类型的，也可以是不同类型的，还可以是列表本身（列表嵌套）。

列表对应的常见操作如表 3-1 所示。

表 3-1　列表对应的常见操作

操　作		说　明	举　例	
新建列表	手动	方括号作为起止边界	ls = [] ls = [1,2,3,4,5] ls = ['hello','world'] ls = ['Hello',2021] ls = ['hi',2,[3,4],5]	#空列表 #数值，列表下标编号从 0 开始 #字符串 #混合 #列表嵌套
	函数	list()	正确示例： ls = list() ls = list((1,2,3)) ls = list(('Hello',2021)) 错误示例： ls = list(1,2,3) ls = list('Hello',2021)	#等同[] #漏掉括号 #漏掉括号
增加元素	整体嵌入添加到尾部	append	（1）单个元素添加： ls = [1,2,3,4] ls.append(5) print(ls) （2）整体嵌入添加： a = [1,2,3,4] b = [5,6,7] a.append(b) print(a) print(len(a))	 #[1, 2, 3, 4, 5] #[1, 2, 3, 4, [5, 6, 7]] #长度为 5
	扩展融入添加到尾部	extend	单个元素添加： a = [1,2,3,4] b = [5,6,7] a.extend(b) print(a) print(len(a))	 #扩展融入附加 #[1, 2, 3, 4, 5, 6, 7] #长度为 7
	链接运算符	+	使用+运算符也可实现列表的融合扩展 a = [1,2,3,4] b = [5,6,7] a + b	 #[1, 2, 3, 4, 5, 6, 7]
	插入任意位置	insert	格式：列表名.insert(pos,element) ls = [6,7,8,9] ls.insert(2,10) print(ls)	 #原 2 号位置为元素 8 #在 2 号位置插入元素 10 #[6, 7, 10, 8, 9]

续表

操　　作		说　　明	举　　例
删除元素	删除指定下标位置的元素	del	按位置删除格式：del 列表名[下标] ls = [1,3,5,7,9] del ls[3]　　　　　#删除 ls 的 3 号位置元素 7 print(ls)　　　　　#[1, 3, 5, 9]
	删除列表中第一次出现的某元素	remove	按元素删除格式：列表名.remove(元素值) ls = [2,4,6,4,9,7,4,8] ls.remove(4)　　　　#删除列表中第一个元素 4 print(ls)　　　　　#[2, 6, 4, 9, 7, 4, 8]
访问元素	单个元素访问	[pos]	访问格式：列表名[下标] ls = [2,4,6,8,10] ls[3]　　　　　　　#访问 3 号位置元素 8
	系列元素访问 （切片）	[起点:终点:步长]	访问格式：列表名[start:end:step] 注意：end 取不到，为"假尾巴"，只能到 end-1 步长 step 可选，默认为 1，即逐个取 ls = [1,2,3,4,5,6,7,8,9,10] （1）访问部分数据 ls[2:6:2]　　　　　#[3, 5] 不包含 6 号元素，步长为 2 （2）访问所有数据，步长省略默认为 1 ls[:] 或者 ls[::] 或者 ls[0:len(ls)] （3）倒序访问，step 为负 ls[7:1:-2]　　　　　#[8,6,4]7 到 2 号位置倒序访问，步长 2 ls[::-1]　　　　　　#[10, 9, 8, 7, 6, 5, 4, 3, 2, 1]

3.3.2　知识点 2：range 函数

range 函数是 Python 的内置函数，在 Python 2 版本中生成整数列表，而在 Python 3 版本中生成的则是整数序列 range 对象，可使用 list()、tuple()、set()等函数进一步把该对象转换为整型列表、元组或集合等形式。Python 2 与 Python 3 版本中 range 返回类型对比如图 3-3、图 3-4 所示，本教材只讲解 Python 3 版本。

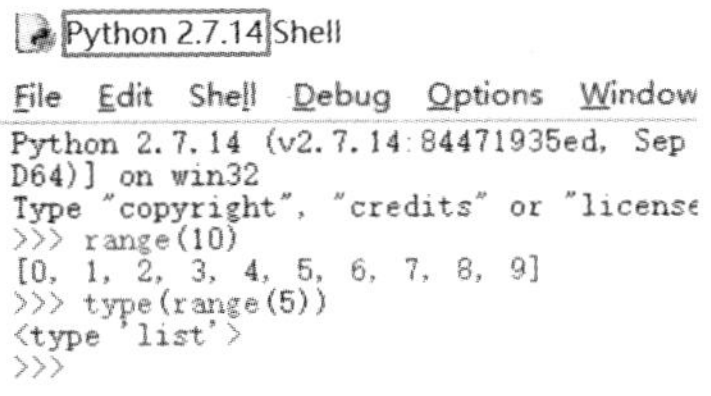

图 3-3　Python 2 生成列表

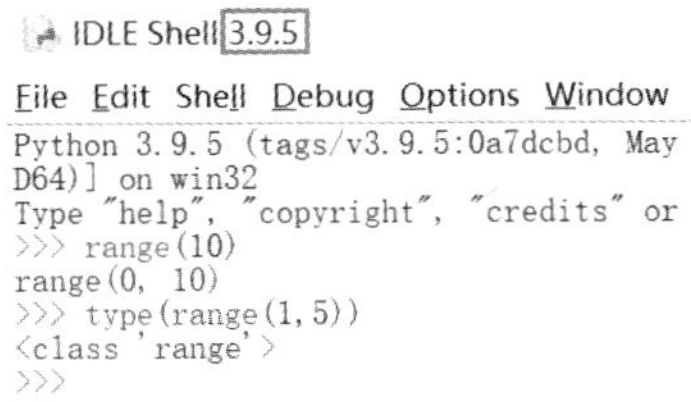

图 3-4　Python 3 生成对象

下面介绍语法格式及示例。

（1）仅给出结束位置：range(stop)，对象 range(0,stop)

序列对象默认从零开始，不包含尾 stop，即"假尾巴"，下同。该对象包含的整型序列是：0,1,2,3,…,stop - 1。

【示例】

```
range(10)              #返回对象 range(0, 10)
list(range(10))        #转换为列表[0, 1, 2, 3, 4, 5, 6, 7, 8, 9]
```

（2）给出起、止位置：range(start,stop)，对象 range(start,stop)

序列对象包含的整型序列是：start,start + 1,start + 2,…,stop − 1。

【示例】

```
range(5,10)             #返回对象 range(5, 10)
list(range(5,10))       #转换为列表[5, 6, 7, 8, 9]
```

（3）起止及步长：range(start,stop,step)，对象 range(start,stop,step)

从 start 到 stop-1 的区间内，按步长为 step 取若干样点生成序列对象。

【注意】步长为正，表示递增，start < stop；步长为负，表示递减，start > stop。

【示例】

```
list(range(1,10,3))   #[1, 4, 7] 注意："假尾巴"，取不到 10
list(range(16,10,-2)) #[16,14,12]从 16 开始，按步长 2 递减，不包含 10
```

3.3.3　知识点 3：for 循环结构

1．语法格式

```
for 循环变量 in 序列：
    循环体语句组
```

【注意】这里的"序列"可以是字符串、列表、元组等数据类型，也可以是 range 函数生成的序列对象等。

2．执行流程

循环变量的取值范围从序列或序列对象的首元素开始，依次取到尾元素，即 for 循环的执行次数等于"序列"的元素数量。

【示例 1】从键盘输入一字符串，把其中的大写字母变为小写，小写字母变为大写，其他不变，输出转换后的字符串。

【分析】

（1）先使用 input 函数从键盘输入一个字符串 s_old，定义一个新变量 s_new，并初始化为空字符串。

```
s_old = input('输入字符串：')
s_new = ''
```

（2）Python 中没有字符类型，单个字符如'a'也被当成字符串处理。遍历原字符串 s_old 中的每个子字符串 s，然后对每个 s 进行 if-elif-else 分支判断，属于大写、小写还是其他，做相应的大小写转换（转小写：str.lower()、转大写：str.upper()），并把转换后的结果链接到新字符串 s_new 的后面，循环结束后 s_new 即为转换后的字符串。

【参考代码】

```
s_old = input('输入字符串：')
s_new = ''
for s in s_old:                      #s 遍历原字符串，s 为原串中每个子字符串
    if s >= 'A' and s <= 'Z' :
        s_new += s.lower()          #大写转小写后链接到新字符串后面
    elif s >= 'a' and s <= 'z' :
        s_new += s.upper()          #小写转大写后链接到新字符串后面
    else :
        s_new += s                   #其他符号不变
print('转换后的串：{}'.format(s_new))
```

【运行结果】

```
输入字符串：Hello,World.
转换后的串：hELLO,wORLD.
```

【示例 2】筛选并输出 100 以内能同时被 3 和 5 整除的数。

【分析】

调用 range 函数生成一个序列对象，要注意"假尾巴"，即 range(1,100 + 1)。可将序列对象转化为列表，可用 for 循环直接遍历该序列对象。

【参考代码】

```
for n in range(1,100 + 1) :          #n 依次取序列对象中的 1,2,3…100
    if n % 3 == 0 and n % 5 == 0 :
        print(n,end=' ')
```

【运行结果】

```
15 30 45 60 75 90
```

【示例 3】输出斐波那契数列的前 10 项，已知数列的前两项值为 0 和 1，从第三项开始每一项都等于其相邻前两项之和。

【分析】

（1）定义长度为 10 的列表 ls，列表下标从 0 开始，故下标范围是从 0 到 9，其中 0、1 号位置分别初始化为数列前两项的值 0 和 1，即 ls = [0,1]。本例只需计算剩余 8 项的值。

（2）数列前两项已知，故只需计算出第 3 到第 10 项，并依次存放到列表的 2 到 9 号位置。假设用变量 i 表示下标，i 范围从 2 到 9，可用 range 函数生成的序列对象表示 range(2,10)。

```
ls = [0,1]
for i in range(2,10) :
    #求从第三项开始的每一项，保存到 t 中
    #把 t 附加到列表 ls 的后面
```

（3）从第 3 项（i=2 号位置）开始的每一项 t 都等于其相邻的前两项 ls[i-1] 和 ls[i-2] 之和，即 t=ls[i-1]+ls[i-2]。然后调用列表的 append 方法，把 t 附加到列表 ls 的后面，即 ls.append(t)。

下标	0	1	2	3	4	5	6	7	8	9
数列	0	1								

【参考代码】

```
ls = [0,1]
for i in range(2,10) :          #"假尾巴"不包括10
    t = ls[i - 1] + ls[i - 2]   #第3到第10项
    ls.append(t)                #附加到列表的后面
print(ls)
```

【运行结果】

```
[0, 1, 1, 2, 3, 5, 8, 13, 21, 34]
```

3.3.4 知识点4：随机数模块 random

模块导入：import random。

1. 生成随机浮点数

（1）random()生成[0,1)之间的随机浮点数

```
import random
random.random()         #某次运行结果：0.3392881988340788
```

（2）uniform(m,n)函数生成[m,n]或[m,n)之间的随机浮点数

```
import random
random.uniform(5,10)    #某次运行结果：9.014798148782354
```

2. 生成随机整数

（1）randint(m,n)生成[m,n]之间的随机整数

【注意】包含起止边界

```
import random
random.randint(1,10)    #某次运行结果：7
```

【示例1】生成 5 到 20 之间的 10 个随机整数。

【分析】生成 10 个随机整数，即重复（循环）10 次调用 randint 函数。每次把生成的随机整数附加到列表 ls 中。

【参考代码】

```
import random
ls = []
for i in range(10) :
    rd = random.randint(5,20)
    ls.append(rd)
print(ls)
```

【某次运行结果】

```
[8, 5, 16, 20, 15, 16, 20, 9, 16, 17]
```

（2）randrange(start,stop=None,step=1,_int=<class 'int'>)类似 range 返回序列对象中的随机整数值，不包含"假尾巴"stop

【示例 2】生成 5 个 10 以内的随机奇数。

【分析】使用 range 函数，可生成 10 以内的所有奇数序列对象，random 模块中提供了类似的随机数函数 randrange，其可从类似序列对象中随机选取一个数值返回。5 个随机值即循环 5 次。

```
list(range(1,10,2))       #[1, 3, 5, 7, 9]1 到 10 之间的奇数
random.randrange(1,10,2)  #1 到 10 之间的随机奇数
```

【参考代码】

```
import random
ls = []
for i in range(5) :
    t = random.randrange(1,10,2)
    ls.append(t)
print(ls)
```

【某次运行结果】

```
[9, 7, 5, 9, 3]
```

3．从给定集合中随机选取元素

（1）choice(sequence)从指定非空序列中随机选取元素

【示例 3】从字符串序列中，随机选取其中一个对应的子字符串。

```
import random
random.choice('Python')  #随机选取'P'、'y'、't'、'h'、'o'、'n'中的一个
```

【示例 4】从列表等其他数据类型序列中，随机选取一个元素。

```
import random
random.choice(['野兔','狐狸','大灰狼','鹿','老虎'])#从列表中随机选取一个
```

（2）sample(sequence, k)抽样：从指定非空序列中随机抽取 k 个不重复的元素

【示例 5】从列表中随机选取指定个数的元素，要求不重复。

【参考代码】

```
import random
pool = ['野兔','狐狸','大灰狼','鹿','老虎','狮子','野猪']
rst = random.sample(pool,3)   #从 pool 中随机选 3 个不重复的元素
print(rst)
```

4．随机打乱原序列元素的存储顺序 shuffle(x, random=None)，返回 None

【示例 8】

```
ls = [1,2,3,4,5,6]  #ls 原序列
random.shuffle(ls)
print(ls)                #某次运行，ls 现已打乱为[4, 2, 6, 1, 3, 5]
```

3.3.5　任务实施

【分析】

（1）输入欲发放红包总金额 money_total 及红包个数 num_total。

```
money_total = eval(input('红包总金额：'))
num_total = int(input('红包总个数：'))
```

（2）假设每个红包至少 1 元，故先生成 num_total - 1 个红包（循环），以保证最后一个红包金额不为 0 元。循环框架如下所示。

```
ls = []                #列表 ls 保存随机生成的每个红包金额
for i in range(1,num_total) :
    t = random.randint(1,剩余金额 - 未发红包每个预留 1 元,其总金额)
    ls.append(t)   #把随机生成的当前红包附加到列表 ls 中
```

其中，剩余金额 = 总金额 - 已发金额和 = money_total - sum(ls)

由于总红包个数为 num_total，已发 i 个，故未发红包个数为 num_total - i。

未发红包每个预留 1 元，其总金额 = (num_total - i)*1 =(num_total - i)元，调用随机整数生成函数 random.randint 生成大于 1 元的红包金额 t，附加到列表中。

即 for 循环框架程序如下。

```
ls = []
for i in range(1,num_total) :
    t = random.randint(1,money_total - sum(ls) - (num_total - i))
    ls.append(t)
```

（3）当循环执行结束后，其最后一个红包金额= money_total - sum(ls)，并把其附加到列表 ls 中。

【参考代码】

```
import random
money_total = eval(input('红包总金额：'))
num_total = int(input('红包总个数：'))
ls = []
for i in range(1,num_total):
    t = random.randint(1,money_total - sum(ls) - (num_total - i))
    ls.append(t)
ls.append(money_total-sum(ls))
print('生成的红包列表：',ls)
```

```
print('发出总金额: {}'.format(sum(ls)))
```

【某次运行结果】

红包总金额：50
红包总个数：7
生成的红包列表：[5, 2, 5, 25, 6, 3, 4]
发出总金额：50

3.4　项目小结

本项目主要介绍了常见的循环结构：while 循环和 for 循环，重点介绍了循环结构中的
break 和 continue 语句及循环的嵌套。主要知识点小结如表 3-2 所示。

表 3-2　主要知识点小结

知　识　点	示　　例	说　　明
while 循环	while Exp_cntrl: 　　循环体语句组	当条件 Exp_cntrl 为逻辑真时，一直执行循环体，当条件为假时，循环结束。即 while 循环结构中，循环体有可能一次也没有执行。一般循环控制变量的增量放在循环体中
for 循环	for 变量 in 序列: 　　循环体语句组	循环的次数等于序列中元素的数量
循环流程控制语句	break　　　终止并退出所在层循环 continue 本次循环中，continue 后的语句不再执行，提前进入下一次循环条件的判断	

习题 3

理论知识

一、填空题

1．Python 中退出所在层循环的关键字是_____。
2．list(range(1,10,3))的结果是_____。
3．Python 中退出本次循环的关键字是_____。

二、选择题

1．下列不是 Python 循环结构的是（　　　）。
　　A．while　　　　　B．while-else　　　　　C．for　　　　　D．do-while
2．下列能够创建 1 到 100 整数序列的是（　　　）。
　　A．range(100)　　　B．range(1,100)　　　C．range(101)　　　D．range(1,101)
3．下列关于 Python 循环的说法错误的是（　　　）。
　　A．遍历循环中的序列可以是字符串、列表、元组或 range()函数等

B．在 Python 中，可以通过 for、while 等关键字来构建循环结构

C．break 可用来结束所在层循环

D．continue 可用来结束所在层循环

4．下列循环体的执行次数是（　　　）。

```
for i in (3,8):
    print('*',end=' ')  #循环体
```

A．2　　　　　　　　B．3　　　　　　　　C．5　　　　　　　　D．6

5．下列选项中，运行能够输出 1 2 3 的是（　　　）。

A．for i in range(1,3):

print(i,end=' ')

B．for i in range(2):

print(i + 1,end=' ')

C．for i in (0,1,2):

print(i + 1,end=' ')

D．i = 0

while i <= 3:

i += 1

print(i,end=' ')

6．下列语句的执行结果是（　　　）。

```
a = 1
for i in range(10):
    if i == 5:
        break
    a += 2
else:
    a += 3
print(a)
```

A．10　　　　　　　　B．11　　　　　　　　C．13　　　　　　　　D．18

7．阅读下面的代码

```
s = 0
for i in range(10):
    if i % 3 == 0:
        continue
    s = s + i
print(s)
```

上述程序的运行结果是（　　　）。

A．2　　　　　　　　B．18　　　　　　　　C．27　　　　　　　　D．37

三、简答题

1．简述 Python 中常见的循环结构及执行流程。

2．简述一层循环中 break 和 continue 的功能，并举例验证。

3．简述 range 函数各参数的用途及是否可以省略，并列举常见的调用形式。

4．简述随机数模块中常见的函数及用法。

四、程序分析题

1．阅读以下程序，输出其运行结果。

```python
languages = ["C", "C++", "Java", "Python"]
for i in languages:
    print(i,end=' ')
```

2．阅读以下程序，输出其运行结果。

```python
for i in range(100):
    if i % 3 == 0 and i % 5 == 0:
        print(i,end=" ")
```

3．阅读以下程序，输出其运行结果。

```python
s = 0
for i in range(11):
    s += i
    if i == 6:
        break
print(s)
```

4．阅读以下程序，输出其运行结果。

```python
s = 0
for i in range(11):
    s += i
    if i == 6:
        continue
print(s)
```

5．阅读以下程序，输出其运行结果。

```python
for i in range(4,11) :
    if i % 3 == 0 :
        continue
    print('{}'.format(i))
```

6．阅读以下程序，输出其运行结果。思考：continue 可以去掉吗？

```python
b = 1
for a in range(1,16) :
```

```
    if b % 3 == 1 :
        b += 3
        continue
    if b >= 10 :
        break
print('{}'.format(a))
print('%d' % b)}
```

上机实践

1. 编写程序，输出 1+2+3+…+100 的和。

2. 使用 while 循环编写求 n! 的程序。

3. 使用 for 循环打印输出 26 个小写字母 "a"~"z"，每行输出 13 个字母。

4. 编写程序，输出所有的水仙花数，已知水仙花数是个 3 位数，其各位数字的立方和等于该数本身，如 153 是水仙花数，$1^3 + 5^3 + 3^3 = 153$。

5. 有一堆零件，若 3 个 3 个地数，剩两个；若 5 个 5 个地数，剩 3 个；若 7 个 7 个地数，剩 5 个。编写程序，计算出这堆零件至少有多少个？

6. 判断一个整数是否为对称数，如 123321 是对称数，而 12325 不是对称数。

提示：使用 while 循环依次把原整数从低位到高位分离出来，组成一个新的整数（原整数的低位作为新整数的高位），如果新整数与原整数相等，则该数为对称数。

7. 输入一整型数 n，把 n 从低位到高位依次分离出来，用其中的奇数位依次组成一个新的十进制数 m，并输出 m 的值。如 n=123456789，则 m=97531。

项目 4　打印九九乘法表——循环嵌套

掌握循环的嵌套设计

项目描述

打印九九乘法表，如下所示。

```
1×1=1
1×2=2    2×2=4
1×3=3    2×3=6    3×3=9
1×4=4    2×4=8    3×4=12   4×4=16
1×5=5    2×5=10   3×5=15   4×5=20   5×5=25
1×6=6    2×6=12   3×6=18   4×6=24   5×6=30   6×6=36
1×7=7    2×7=14   3×7=21   4×7=28   5×7=35   6×7=42   7×7=49
1×8=8    2×8=16   3×8=24   4×8=32   5×8=40   6×8=48   7×8=56   8×8=64
1×9=9    2×9=18   3×9=27   4×9=36   5×9=45   6×9=54   7×9=63   8×9=72   9×9=81
```

【分析】该项目属于打印输出多行多列的情景，控制行数需使用一层循环，而每一行又有多列，控制每行的列数又需要一层循环，故属于双重循环，即循环的嵌套。本项目采用 for 循环嵌套实现。

任务列表

任 务 名 称	任 务 描 述
任务 1 输出星号阵——循环嵌套	循环嵌套，每行的列数相同
任务 2 输出星号三角阵	循环嵌套，每行的列数不同

本项目通过"输出星号矩阵"任务引入循环嵌套（各行等列），接着实现"输出星号三角阵"任务（各行列数不等），最终实现九九乘法表的打印。

4.1　任务 1 输出星号阵——循环嵌套

任务目标

➢ 掌握循环嵌套结构
➢ 能够使用循环嵌套解决实际问题

【任务描述】编程输出如下图形。

```
* * * * *
* * * * *
* * * * *
* * * * *
```

4.1.1　知识点：循环嵌套

【定义】在一个循环结构内，又嵌入另一个循环结构，称为循环结构的嵌套或多重循环，常用的为二重循环。通常把外层的循环称为外循环，内层的循环称为内循环。while 循环、for 循环均可相互嵌套。

4.1.2　任务实施

【任务分析】

（1）图形的每一行都是固定的形状* * * * *，把该固定行形状操作重复执行 4 次，则生成目标图形。故程序的执行框架如下：

```
for i in range(4) :    #控制行
    操作1  #生成每行形状
    操作2  #换行，勿漏
```

（2）操作 1，分析每行图形是一个星号*之后紧跟一个空格，每行 5 个星号，故重复 5 次，对应操作 1 的循环结构如下：

```
for j in range(5) :
    print('*',end=' ')
```

【参考代码1】

```
row = 4
col = 5
for i in range(row) :         #外层循环控制行
    for j in range(col) :     #内层循环控制列
        print('*',end=' ')
    print()                   #换行，注意位置
```

【参考代码2】

```
row = 4
col = 5
for i in range(1,row + 1) :       #从第1行，到第row行，注意"假尾巴"
    for j in range(1,col + 1) :   #从第1列，到第col列
        print('*',end=' ')
    print()
```

4.2　任务 2 输出星号三角阵

任务目标

➢ 掌握三角阵的输出

➢ 能够使用循环嵌套解决实际问题

【任务描述】编程输出如下图形。

```
*
* *
* * *
* * * *
```

4.2.1　任务实施

【分析】

（1）程序的框架如下：

```
for i in range(1,4 + 1) : #外层循环控制行，共 4 行
    操作 1  #打印每行的图形
    操作 2  #换行
```

（2）每行打印的星号*数量不统一，规律如下：

第 1 行 星号*数量 1 个

第 2 行 星号*数量 2 个

……

第 i 行 星号*数量 i 个

则打印第 i 行图形的代码如下：

```
for j in range(1,i + 1) :  #j 遍历列，其取值为 1,2,…,i
    print('*',end=' ')
```

【参考代码】

```
row = 4
for i in range(1,row + 1) :
    for j in range(1,i + 1) :
        print('*',end=' ')
    print()
```

4.3 项目实施

【项目分析】

（1）九九乘法表的输出形状与上述示例 2 类似，其程序框架如下：

```
for i in range(1,9 + 1) :   #外层循环控制行
    操作1 #打印第i行的所有列
    操作2 #换行print()
```

（2）操作1：打印第i行的所有列。

第 1 行有 1 列，第 2 行有 2 列……第 9 行有 9 列，故第 i 行有 i 列，假设用变量 j 遍历第 i 行的所有列，其代码如下：

```
for j in range(1,i + 1):
    操作2 #打印第i行第j列具体值
```

（3）操作2：打印第 i 行第 j 列的值，参考代码如下：

```
print('{}*{}={}'.format(j,i,i * j),end='\t')
```

【参考代码】

```
for i in range(1,9 + 1) :
    for j in range(1,i + 1):
        print('{}*{}={}'.format(j,i,i * j),end='\t')
    print()
```

4.4 巩固案例

【案例1】 从键盘输入正整数 n，求 $s=1+(1+2)+(1+2+3)+\cdots+(1+2+3+\cdots+n)$ 的值。

【分析】

（1）求和变量 s 可以看成 n 项之和，设当前项用 term 表示。第 1 项：term=1、第 2 项：term=(1+2)、第 3 项：term=(1+2+3)、…、第 n 项：term=(1+2+3+…+n)，把每一项 term 累加到求和变量 s 上，使用外层循环控制该操作，循环累加 n 次，设 i 为循环控制变量，则循环结构如下：

```
for i in range(1,n + 1):
    操作1      #计算第i项的term值
    s += term
```

（2）操作1：计算第 i 项的 term 值。

term = (1 + 2 + 3 + … + i)，即把 1、2、3、…、i 累加到 term 上（term 初始为 0），设 j 为循环控制变量，则第 1 步中，"计算第 i 项的 term 值"的代码如下：

```
term = 0        #每一项的初始值均为0
```

```
for j in range(1,i + 1):
    term += j
```

（3）把第（2）步代码嵌入到第（1）步的 for 循环中，即可得如下代码：

```
for i in range(1,n + 1):
    term = 0
    for j in range(1,i + 1):
        term += j
    s += term
```

【参考代码】

```
s = 0
n = eval(input('输入正整数：'))
for i in range(1,n + 1):
    term = 0
    for j in range(1,i + 1):
        term += j
    s += term
print('求和结果为：{}'.format(s))
```

【运行结果】

```
输入正整数：10
求和结果为：220
```

【案例 2】编程输出如下矩阵：

```
1  2  3  4
2  4  6  8
3  6  9  12
```

【分析】

（1）以上输出矩阵为 3 行，每一行都执行相同的操作（输出该行的 4 列），所以该程序要重复执行 3 次输出行的操作，设行的循环控制变量为 i。使用外层 for 循环控制行的输出。循环体内为输出该行的 4 列，然后换行。故程序框架如下：

```
for i in range(1,3 + 1):
    操作1  #输出第 i 行的 4 列
    操作2  #换行
```

（2）操作 1：输出第 i 行的 4 列，也就是要重复执行 4 次输出列的操作，故也符合循环结构。设控制列的循环控制变量为 j，则输出 4 列的循环代码如下：

```
for j in range(1,4 + 1):    #循环输出 4 列
    操作3  #打印输出第 i 行第 j 列的值
```

（3）操作 2：打印输出第 i 行第 j 列的值。分析可知，其对应值为：i×j，实现代码如下：

```
print('{}'.format(i * j),end=' ')
```

将其代入第（2）步代码中，其代码如下：

```
for j in range(1,4 + 1):        #输出第 i 行的 4 列
    print('{}'.format(i * j),end=' ')
```

（4）把第（3）步中控制列的 for 循环结构嵌入到第 1 步的程序框架中，其代码如下：

```
for i in range(1,3 + 1):        #控制行操作的外层循环
    for j in range(1,4 + 1):    #循环输出 4 列
        print('{}'.format(i * j),end=' ')
    print()
```

【参考代码】

```
row = 3    #行数
col = 4    #列数
for i in range(1,row + 1) :
    for j in range(1,col + 1) :
        print('{}'.format(i * j),end=' ')
    print()
```

【动手练一练】

从键盘输入大于等于 1 的正整数 n，求表达式 $s = 1! + 2! + \cdots + n!$ 的值。

4.5   项目小结

本项目主要介绍了循环嵌套。易错知识点小结如表 4-2 所示。

表 4-2   易错知识点小结

实 现 功 能	错 误 示 例	正 确 示 例

*
* *
* * *
	row = 3
	for i in range(1,row + 1):
	    for j in range(1,i + 1):
	        print('*',end=' ')
	    print()
		row = 3
		for i in range(1,row + 1):
		    for j in range(1, i + 1):
		        print('*',end=' ')
		    print() #正确位置

习题 4

理论知识

一、判断题

1. 只能 for 循环嵌套，while 循环不能嵌套。（   ）
2. 循环嵌套中的 break 一定会结束整个循环。（   ）

二、选择题

1. 下列有关循环嵌套的说法正确的是（   ）。
    A．一个循环结构中包含另外一个条件结构
    B．一个循环结构中包含另外一个顺序结构
    C．一个条件结构中包含一个完整的循环结构
    D．一个循环结构中包含另外一个完整的循环结构

2. 关于下列代码说法正确的是（   ）。

```
for i in range(3):
    for j in range(4):
        print('*',end=' ')
    print()
```

    A．print('*',end=' ')共运行 12 次
    B．print()共运行 12 次
    C．print('*',end=' ')共运行 4 次
    D．因为 print()没有输出数据，故可以省略，运行结果不会发生任何改变

三、简答题

简述循环嵌套中不同位置的 break 和 continue 所起的作用。

上机实践

1. 输出 100~200 以内的所有素数，每行输出 10 个。
2. 打印输出如下图形。
    ####
    #####
    ######
3. 打印输出如下图形。
    #########
     #######
      #####
       ###
        #
4. 编程求解鸡兔同笼问题，35 个头，94 只脚，求鸡和兔的数量。
5. 由 1、2、3、4、5 能组成多少个互不相同且无重复数字的三位数，每行输出 5 个。
6. 编程求 1+2!+3!+…+10!的和。

项目 5 简易银行系统——函数

- 掌握函数定义和调用的格式
- 掌握函数的参数和返回值
- 掌握变量的作用域
- 掌握匿名函数的使用

项目描述

银行根据客户输入，帮其办理相应的业务，主要包括存款、取款、查询等相关业务。

【分析】

该项目各个业务均是相对独立的功能单元，本项目把存款、取款、查询等相关业务功能代码封装起来，设计成函数，方便反复调用。

任务列表

任 务 名 称	任 务 描 述
任务 1 多功能计算器设计——为什么使用函数	掌握函数的定义及调用格式
任务 2 人狗大战——函数应用	掌握字典数据类型
任务 3 掌握变量的作用域	掌握全局变量和局部变量的使用
任务 4 掌握匿名函数	掌握匿名函数的定义和调用

5.1 任务 1 多功能计算器设计——为什么使用函数

任务目标

➤ 掌握函数定义结构
➤ 掌握函数调用结构
➤ 能够使用函数解决简单问题

【任务描述】设计一个能实现加、减、乘、除等相关运算的简易计算器。运行结果如下：

```
选择运算（1:加,2:减,3:乘,4:除,5:退出）:1
操作数 1:8
操作数 2:9
8 + 9 = 17
----------------------
选择运算（1:加,2:减,3:乘,4:除,5:退出）:2
```

```
操作数 1:8
操作数 2:9
8 - 9 = -1
------------------------
选择运算（1:加,2:减,3:乘,4:除,5:退出):3
操作数 1:8
操作数 2:9
8 * 9 = 72
------------------------
选择运算（1:加,2:减,3:乘,4:除,5:退出):4
操作数 1:8
操作数 2:9
8 / 9 = 0.889
------------------------
选择运算（1:加,2:减,3:乘,4:除,5:退出):5
期待下次见面
```

5.1.1　知识点 1：函数概念与分类

1．函数定义

函数就是模块，即把每一个功能相对独立的代码封装起来。

2．函数分类

函数可分为库函数（标准库和第三方库）和自定义函数。

库函数：标准库函数如 math 库中的开平方根函数 sqrt 等；第三方库函数如 matplotlib 库中的绘图函数 plot、pie 等。

自定义函数：程序设计者根据功能需要自己编写的函数。

5.1.2　知识点 2：函数定义与调用

1．自定义函数定义格式

```
def 函数名(参数 1,参数 2,…):
    函数体
```

例如：定义一个求两个整数相加的函数，返回求和结果。

【程序代码】

```
def add(x,y):
    return (x + y)   #返回求和结果，括号可省略
```

说明：

- 一个函数定义包含函数头和函数体两部分。一般把关键字 def、函数名、参数列表、冒号这四部分称为函数头；冒号后缩进的部分称为函数体。
- 函数名：符合标识符的命名规则，最好见名知意。如使用 add 作为求和函数的函数名，sort 作为排序函数的函数名。

● 参数表：函数定义时的参数又称为形式参数，简称形参。根据有无参数，函数可分为带参函数和无参函数。

（1）带参函数：可以含有一个或多个形参，多个形参之间用逗号分隔，其代码如下：

```
def add(x,y):
    return x + y
```

而如下格式是错误的：

```
def add(x;y):   #错误。函数各形参间用逗号分隔，而非分号
    return x + y
```

（2）无参函数，不含参数，但不能省略括号，其代码如下：

```
def welcome():
    print('Welcome to Nan Jing.')
```

● 返回值：可有可无，返回关键字为 return。

2. 自定义函数调用格式

带参函数调用格式：

函数名(参数1,参数2,…)

例如：

```
s = add(3,5)   #调用带参函数 add，将其返回结果保存到变量 s 中
```

无参函数调用格式：

函数名()

例如：

```
welcome()
```

5.1.3 任务实施

【分析】

Python 文件通常有两种执行方法，第一是作为脚本直接执行，第二是作为模块使用 import 导入到其他的 Python 脚本中被调用执行。

if __name__ == "__main__" 的作用是控制这两种情况执行代码的范围，在其下的代码只有在第一种情况（即该文件作为脚本直接执行）下才会被执行，而 import 到其他脚本中是不会被执行的。

【参考代码】

```
def add(n1,n2):
    print('{} + {} = {}'.format(n1,n2,n1 + n2))
    print('------------------------')


def sub(n1,n2):
    print('{} - {} = {}'.format(n1,n2,n1 - n2))
```

```
    print('----------------------')

def mul(n1,n2):
    print('{} * {} = {}'.format(n1,n2,n1 * n2))
    print('----------------------')

def div(n1,n2):
    print('{} / {} = {:.3f}'.format(n1,n2,n1 / n2))
    print('----------------------')

def main():
    while True:
        op = input('选择运算（1:加,2:减,3:乘,4:除,5:退出）:')
        if op == '5':
            print('期待下次见面')
            break
        n1 = eval(input('操作数1:'))
        n2 = eval(input('操作数2:'))
        if op == '1':
            add(n1,n2)
        elif op == '2':
            sub(n1,n2)
        elif op == '3':
            mul(n1,n2)
        elif op == '4':
            div(n1,n2)
        else:
            print('不支持的运算！')

if __name__ == "__main__":
    main()
```

5.2　任务 2 人狗大战——函数应用

任务目标

➢ 掌握字典数据类型的使用
➢ 掌握函数的定义和调用
➢ 能够自定义函数解决实际问题

【任务描述】模拟一个人狗大战游戏，人选手有姓名、年龄、生命值和攻击力等，狗选手有名字、品种、生命值和攻击力。人有打狗的行为，狗有咬人的行为。

5.2.1　知识点 1：数据类型——字典

Python 中字典由若干"键值对"构成，可存储任意类型的数据。

1．字典定义格式

字典名 = {key1:value1, key2:value2, …, keyn:valuen}

注意： 键与值之间用冒号间隔构成键值对，然后使用逗号连接若干键值对。

2．字典常见操作

字典的常见操作如表 5-1 所示。

表 5-1　字典的常见操作

操　作		说　明	举　例
新建字典	手动	大括号作为起止边界	d = {}　　　　　　　#空字典 d = {'Name':'张三','Age':18,'Sex':'M'}
	函数	dict()	正确示例： d = dict()　　　　　#空字典，等同{} d = dict((('Name','ZhangSan'),(90,10))) d = dict((['Num',35],(90,10))) d = dict(No='202201',Sc=98)
增加元素	添加	d[key] = v 当 key 不存在时即添加新键值对	d = {'Name':'Tom','Age':18} d['Sc'] = 98　　　#键'Sc'在 d 中原不存在，即增加 print(d)　　　　　#{'Name':'Tom','Age':18,'Sc':98}
删除元素	pop 函数删除指定 key 值的键值对	d.pop(key) 若 key 存在，返回对应的 value 值； 否则，抛出 KeyError 异常	d = {'Name':'Tom','Age':18,'Sc':98} d.pop('Sc')　　　#{'Name': 'Tom', 'Age': 18} d.pop('No')　　　#键'No'不存在，抛出异常 KeyError

	随机删除并返回一键值对	d.popitem()
		若 d 非空，则以元组的形式返回一键值对；若为空，则抛出 KeyError 异常
			d = {'Name':'Tom','Age':18,'Sc':98}
			d.popitem() #删除并返回('Sc', 98)
			d.popitem() #删除并返回('Age', 18)
			d.popitem() #删除并返回('Name', 'Tom')
			d.popitem() #删除并返回 KeyError

	del 删除指定 key 值的键值对元素	del d['key'] 若 key 不存在，则抛出 KeyError 异常	d = {'Name':'张三','Age':18,'Sc':98} del d['Sc'] print(d)　　　　　#{'Name': '张三', 'Age': 18}
	清空字典	d.clear()	d = {'Name':'张三','Age':18,'Sc':98} d.clear() print(d)　　　　　# {}
修改	修改已存在键(key)对应的值	d['key'] = new_value 如果 key 值不存在，则表示增加元素	d = {'Name':'Tom','Sc':88} d['Sc'] = 92　　　#修改成绩 print(d)　　　　　# {'Name': 'Tom','Sc': 92}

	update 更新元素	d.update(k1:v1,k2:v2,…)
		对已存在的 key 值起更新作用，对未存在的 key 值起新增键值对作用
			d = {'a': 1, 'b': 3,}
			d.update({'a':0,'d':5})#修改'a'值，新增'd'
			print(d.items())　　#dict_items([('a',0),('b',3),('d',5)])

续表

操　作		说　明	举　例
查找（访问）元素	单个元素访问	d['key']	d={'Name':'Tom','Addr':{'city':'Nanjing','province':'JS'}} #字典嵌套 print(d['Name'])　　　#Tom print(d['Addr'])　　　#{'city':'Nanjing', 'province':'JS'}
	keys()访问所有键	d.keys() 返回所有键值对的键值	sc = {'数学': 96, '语文': 86, '英语': 77} print(sc.keys())　　#dict_keys(['数学','语文','英语'])
	values()访问所有值	d.values() 返回所有键对应的值	sc = {'数学': 96, '语文': 86, '英语': 77} print(sc.values())　　#dict_values([96, 86, 77])
	items()返回所有键值对	d.items()返回所有键值	d = {'a': 7, 'b': 3, 'c': 9} print(d.items())　　#dict_items([('a',7),('b',3),('c',9)])

5.2.2　知识点 2：带默认值参数

在函数定义时，可以为参数设置默认值，带默认值的参数必须放在所有非默认值参数的后面。

1. 正确示例

【参考代码】

```
def print_info(name,age=17): #年龄 age 默认 17
    print('姓名：{}'.format(name))
    print('年龄：{}'.format(age))
```

【调用方式 1】

在函数调用时，若没有为默认值参数传值，则采用参数的默认值。

```
print_info('张三') #age 采用该参数默认值 17
```

【运行结果 1】

```
姓名：张三
年龄：17
```

【调用方式 2】

在函数调用时，若为默认值参数指定新值，则用新值覆盖默认值。

```
print_info('张三',19) #age 采用新值 19
```

【运行结果 2】

```
姓名：张三
年龄：19
```

2. 错误示例

【参考代码】

```
def print_info(age=17,name): #定义时必须先定义非默认值参数，最后定义默认值参数
    print('姓名：{}'.format(name))
```

```
print('年龄：{}'.format(age))
```

【运行结果】

```
SyntaxError: non-default argument follows default argument
```

5.2.3 任务实施

【参考代码】

```
#狗攻击力字典，存储品种和攻击力值
attack_dog = {
    '藏獒':70,
    '泰迪':30,
    '中华田园犬':50,
    '哈士奇':20
}
def dog(name,breed):        #生成狗的模板
    data = {
        'name':name,        #狗名字
        'breed':breed,      #狗品种
        'life_val':100      #生命值，默认100
    }
    if breed in attack_dog:
        data['attack_val'] = attack_dog[breed]
    else:
        data['attack_val'] = 20
    return data             #返回狗参赛选手的字典数据（"参赛证"）

def person(name,age):       #生成人选手的模板
    data = {
        'name':name,
        'age':age,
        'life_val':100
    }
    if age >= 18 and age <= 40:
        data['attack_val'] = 70
    else:
        data['attack_val'] = 30
    return data             #返回人参赛选手的字典数据（"参赛证"）

def beat(person_data,dog_data):  #打狗行为
    dog_data['life_val'] -= person_data['attack_val']
    print('人[{}]打了狗[{}],狗掉血[{}],剩余血量[{}]'.format(
                        person_data['name'],
                        dog_data['name'],
```

```
                              person_data['attack_val'],
                              dog_data['life_val']))

def dog_bite(dog_data,person_data):
    person_data['life_val'] -= dog_data['attack_val']
    print('狗[{}]咬了人[{}],人掉血[{}],剩余血量[{}]'.format(
                              dog_data['name'],
                              person_data['name'],
                              dog_data['attack_val'],
                              person_data['life_val']))

if __name__ == '__main__':
    p1 = person('张三',19)          #生成一个人选手张三 p1
    p2 = person('李四',17)          #生成一个人选手李四 p2
    d1 = dog('小黄','哈士奇')        #生成一个狗选手小黄 d1
    beat(p2,d1)                     #p2 选手李四打了 d1 狗选手小黄
    dog_bite(d1,p2)                 #d1 狗选手小黄咬了 p2 选手李四
```

【运行结果】

```
人[李四]打了狗[小黄],狗掉血[30],剩余血量[70]
狗[小黄]咬了人[李四],人掉血[20],剩余血量[80]
```

5.3 任务 3 掌握变量的作用域

任务目标

➢ 掌握局部变量和全局变量的定义
➢ 能够使用 global 在局部空间中引入全局变量

5.3.1 知识点：全局变量和局部变量

通常把在函数或语句块内的变量称为局部变量，反之，在任何函数或语句块外的变量称为全局变量。

局部变量的作用域被限制在其定义函数或语句块内，在函数或语句块内，默认局部变量有效，如果想在局部空间引入全局变量，可使用 global 关键词。

1. 函数内默认访问局部变量

【参考代码】

```
a = 2                    #全局变量，其值为 2
def change():
    a = 10               #局部变量，函数 change 内有同名的局部变量 a，其值为 10
    print('a=',a)        #默认访问的是函数 change 内的局部变量 a，其值为 10
```

```
change()              #函数调用，函数内部输出的是其内部的局部变量 a
print('a=',a)         #全局变量 a= 2
```

【运行结果】

```
a= 10
a= 2
```

2. 函数内部访问全局变量——global

【参考代码】

```
#在函数内部引用全局变量
a = 2                 #全局变量
def change():
    global a          #通过关键词 global 引入全局变量 a，其值为 2
    a = 10            #为引入的全局变量 a 赋值，由 2 变为 10
    print('a=',a)     #输出全局变量 a=10

change()              #函数调用，函数内部输出的是全局变量 a
print('a=',a)         #全局变量
```

【运行结果】

```
a= 10
a= 10
```

5.3.2 巩固案例

【案例】分析以下代码，输出其运行结果。

【参考代码】

```
g = 2
def f1():
    global g
    g = 3


def f2():
    g = 4


if __name__ == '__main__':
    f1()
    f2()
    print('g={}'.format(g))
```

【分析】本例中先定义全局变量 g，初始值为 2，函数 f1 中使用 global 引入全局变量 g，并修改该全局变量 g 的值为 3。函数 f2 中没有使用 global，故此处的 g 为局部变量，局部变量仅在其所定义的函数或语句块内有效。

在 if __name__ =='__main__'的测试代码中，先调用 f1 函数后，全局变量 g 为 3，然后调

用 f2 函数，其中的 g 为局部变量，对全局变量 g 没有影响，最后所输出的 g 为全局变量。

【运行结果】

```
g=3
```

5.4　任务 4　掌握匿名函数

任务目标

➢ 掌握匿名函数的定义和调用
➢ 掌握 map、filter、reduce 等函数

5.4.1　知识点 1：匿名函数

在函数功能逻辑较简单、代码量较少的情况下，可以将函数定义为匿名函数，即不给该函数指定标识符（名字），通常称为"lambda 表达式"。

1. 定义格式

```
lambda 参数 1,参数 2,… :功能实现
```

2. 函数与匿名函数对比

【案例 1】使用函数实现两数相加并返回其和的功能。

【参考代码】

```
def add(a,b):         #函数定义
    return a + b
print(add)            #输出函数名，生成对象，每次运行可能不同
s = add(2,3)          #函数调用
print(s)
```

【运行结果】

```
<function add at 0x00000234BE6A68B0>
5
```

【案例 2】使用匿名函数实现两数相加并返回其和的功能。

【参考代码】

```
f = lambda a,b:a + b      #保存函数"对象"或"模型"为 f
print(f)                  #输出该匿名函数"对象"或"模型"
s = f(2,3)                #调用该匿名函数"模型"，类似普通函数调用
print(s)
```

【运行结果】

```
<function <lambda> at 0x00000234BE5A9CA0>
5
```

【结论】由此可见，匿名函数所保存的"对象"或"模型"非常类似普通函数名，在调用格式上两者也非常相似。

5.4.2 知识点 2：lambda 与 map

map 函数定义格式为

```
map(func, iterables)
```

功能描述：把可迭代序列 iterables 中的每个元素依次代入函数或匿名函数 func 中执行，然后把各返回值结果封装成 map 对象返回。可进一步通过列表或元组等形式查看该对象中包含的数据内容。

【案例】

```
f = lambda x:x ** 2    #定义匿名函数，保存函数"对象"或"模型"为f
rst = map(f,[1,2,3,4,5])
print(rst)
print(list(rst))    #把对象内容转换成列表形式，或 print(tuple(rst))
```

【功能分析】首先定义了匿名函数，并保存为"对象"或"模型"f，然后调用 map 函数将可迭代序列[1,2,3,4,5]中的每一个元素依次代入 lambda 函数模型 f 中执行，最后将各调用返回值以 map 对象的形式返回，可通过 list()或 tuple()函数把该对象以列表或元组形式查看。

【运行结果】

```
<map object at 0x00000234BE5C6430>
[1, 4, 9, 16, 25]
```

5.4.3 知识点 3：lambda 与 filter

filter 函数定义格式为

```
filter(func, iterables)
```

功能描述：把可迭代序列 iterables 中的每个元素依次代入函数或匿名函数 func 中执行，然后把各返回值结果封装成 filter 对象返回。可进一步通过列表或元组等形式查看该对象中包含的数据内容。

filter 函数的形参 func 通常返回 True 或 False。

【案例】

```
func = lambda x:x % 2 == 1        #调用 func，传入参数为奇数，返回 True
print(func(8))                    #返回 False
print(func(7))                    #返回 True
rst = filter(func,[0,1,2,3,4,5])  #把返回值为 True 的序列元素筛选出来
print(rst)                        #filter 对象，每次运行结果可能不一样
print(tuple(rst))                 #对象数据以元组形式输出
```

【运行结果】

```
False
```

```
True
<filter object at 0x00000234BE588B80>
(1, 3, 5)
```

【案例】筛选出不及格的成绩。

```
func = lambda sc:sc < 60   #传入参数小于 60，返回 True
rst = filter(func,(92,57,95,67,53,49,87))
print(list(rst))
```

【运行结果】

```
[57, 53, 49]
```

5.4.4　知识点 4：lambda 与 reduce

reduce 函数定义格式为

```
reduce(func, sequence[, initial])
```

其中，initial 为可选参数，表示初值，求和默认值为 0，求积默认值为 1，也可显式指定为其他值。

函数功能通过下面的案例进行讲解。

【案例 1】求和运算，分析以下程序，输出运行结果。

```
reduce(lambda x, y: x+y, [1, 2, 3, 4, 5])
```

【分析】

每次调用 lambda 函数需要传入两个参数，故从可迭代序列[1, 2, 3, 4, 5]中从左向右依次取 1、2 分别传给 x 和 y，返回求和结果 3；把返回结果 3 与可迭代序列中的下一个元素 3 传给 x 和 y，再次调用 lambda 函数，返回求和结果 6；把返回结果 6 和可迭代序列中下一个元素 4 分别传给 x 和 y，再次调用 lambda 函数，返回求和结果 10；最后把返回结果 10 和可迭代序列中的最后一个元素 5 分别传给 x 和 y，再次调用 lambda 函数，返回最终求和结果 15。

【运行结果】

```
15
```

【案例 2】求积运算，分析以下程序，输出运行结果。

```
reduce(lambda x, y: x*y, [1, 2, 3, 4, 5])
```

【分析】每次调用 lambda x, y: x*y 需要两个参数，分析过程同求和，依次执行以下运算：1*2=2，2*3=6，6*4=24，24*5=120。

求积运算的初始值 initial 默认为 1，也可显式指定。

【运行结果】

```
120
```

5.5　项目实施

【项目分析】

本项目分别设计了业务菜单提醒功能的初始化函数 init、存款功能的函数 deposit、取款功能的函数 withdraw 及余额查询功能的函数 check 等。

【参考代码】

```python
# 简易银行系统
money = 0
def init():
    print('---------------------------')
    print('''以下为可办理的业务：
        1. 存款
        2. 取款
        3. 查询
        q. 退出''')
    print('---------------------------')


def deposit(amount):          #存款
    global money
    if amount < 0:
        print("存款金额不可小于 0！")
    else:
        money += amount
        print("本次存款：%.2f 元" % amount)
        print("当前余额：%.2f 元" % money)
    print('---------------------------')


def withdraw(amount):         #取款
    global money
    if amount < 0:
        print("取款金额不可小于 0！")
    elif amount > money:
        print("取款金额不可超过余额！")
    else:
        money -= amount
        print("已取款：%.2f 元" % amount)
        print("当前余额：%.2f 元" % money)
    print('---------------------------')


def check():                  #查询
    total = 0
    print("当前余额：%.2f" % money)
```

```
        print('--------------------------')

def main():
    init()
    while True:
        choice = input("请输入您要办理的业务代码: ")
        # 存款
        if choice == "1":
            inc = float(input("请输入存款金额: "))
            deposit(inc)
        # 取款
        elif choice == "2":
            dec = float(input("请输入取款金额: "))
            withdraw(dec)
        # 查询
        elif choice == "3":
            check()
        # 退出
        elif choice == "q":
            print("欢迎下次光临! 再见! ")
            break
        else:
            print("指令输入有误，请重新输入\n")

if __name__ == '__main__':
    main()
```

【运行结果】

```
--------------------------
以下为可办理的业务:
    1. 存款
    2. 取款
    3. 查询
    q. 退出
--------------------------
请输入您要办理的业务代码: 1
请输入存款金额: 6000
本次存款: 6000.00 元
当前余额: 6000.00 元
--------------------------
请输入您要办理的业务代码: 2
请输入取款金额: 500
已取款: 500.00 元
当前余额: 5500.00 元
```

```
--------------------------
请输入您要办理的业务代码：3
当前余额：5500.00
--------------------------
请输入您要办理的业务代码：q
欢迎下次光临！再见！
```

5.6 项目小结

本项目主要介绍了函数的定义及调用格式、变量的作用域及字典数据类型。主要知识点梳理和易错知识点分别如表 5-2 和表 5-3 所示。

1. 主要知识点

表 5-2 主要知识点梳理

知　识　点	示　　　例	说　　明
函数定义	定义求两数之和的函数 def add(a,b):　　　　#函数头 　　　return (a + b) #函数体	函数包含函数头和函数体。函数头由关键字 def、函数名、参数表和冒号组成。函数定义时的参数称为形参，如 a 和 b
函数调用	s = add(2,3)	函数调用"喊名字，传参数"，函数调用时传递的参数称为实参，如 2 和 3
字典	字典名={key1:value1, key2:value2, …, keyn:valuen}	由若干键值对 key:value 构成
变量的作用域	a = 2　　　　#全局变量，其值为 2 def change(): 　　a = 10　　#局部变量，其值为 10 　　print('a=',a)　#访问局部变量 change() #输出　a= 10	该例中定义了同名的不同变量 a，一个是全局变量，一个为局部变量
global 引入全局变量	a = 2　　　　　　#全局变量，其值为 2 def change(): 　　global a　#引入全局变量 　　a = 10　　#为全局变量赋值 10 　　print('a=',a) #全局变量 change() #输出　a= 10	该例中仅定义了一个变量即全局变量 a，使用 global 关键字在局部空间引入该全局变量

2. 易错知识点

表 5-3 易错知识点

易错知识点	错　误　示　例	说　　明
函数定义错误	def fun(n) 　　#函数体	语法错误。函数头尾部漏掉冒号:
带参函数定义	def print_info(age=17,name): 　　#函数体	带默认值的参数必须放在所有非默认值参数后面

习题 5

理论知识

一、填空题

1．Python 中函数定义的关键字是_____，匿名函数的关键字是_____。

2．Python 中声明全局变量的关键字为_____。

3．print(sum(range(1,10,2)))的结果是_____。

4．tuple(map(lambda x:x**2,[1,2,3,4,5]))的结果是_____。

5．list(filter(lambda a:a%3==0,(12,3,4,5,6)))的结果是_____。

二、判断题

1．函数可以提高代码的复用率，实现模块化编程。（　　　）

2．在函数内部可以直接访问和修改全局变量。（　　　）

3．不同函数中可以定义同名的变量。（　　　）

4．函数 eval()用于字符串表达式求值，故 eval(2*3+1)为错误语法。（　　　）

5．sort()函数可对列表按降序排序；而 sort(reverse=True)则按升序排序。（　　　）

三、选择题

1．下列关于 Python 函数的说法中错误的是（　　　）。

　　A．函数需先定义再调用

　　B．Python 中函数可以嵌套调用

　　C．Python 中函数可以嵌套定义

　　D．Python 中函数定义时需指明函数返回类型

2．下列 Python 函数参数说法中正确的是（　　　）。

　　A．函数至少包含一个参数

　　B．函数定义时默认值参数必须放在所有非默认值参数的前面

　　C．函数定义时默认值参数必须放在所有非默认值参数的后面

　　D．函数定义时默认值参数的位置没有限制

3．关于 return 语句，下列说法正确的是（　　　）。

　　A．一个函数中必须含有 return 语句

　　B．一个函数中最多只含一个 return 语句

　　C．一个函数中可以没有 return 语句

　　D．return 只能返回一个值

4．已知有如下函数定义和调用，则正确的输出结果是（　　　）。

```
def fun(n):
    n = n ** 3
    print("n={}".format(n),end=',')
n = 5
```

```
fun(n)
print(f"n={n}")
```

    A．n=125,n=5   B．n=15,n=5   C．n=5,n=15   D．n=125,n=125

5．下列程序输出正确的是（   ）。

```
def f(ls):
    print(ls,end=',')
    ls.append(3)
a =[1,2]
f(a)
print(a)
```

    A．[1, 2],[1, 2, 3]   B．[1, 2, 3],[1, 2, 3]   C．[1, 2],[1, 2]   D．[1, 2, 3],[1, 2]

四、简答题

1．简述 Python 中函数的参数类型。

2．简述全局变量和局部变量的用法和区别。

3．简述 map、filter 及 reduce 函数所在的模块及各自功能。

4．简述带默认值参数的定义位置。

五、程序分析题

1．阅读以下程序，输出其运行结果。

```
a = 3
def fun():
    global a
    a = 5
    print(f'a={a}')
fun()
print(f'a={a}')
```

2．阅读以下程序，输出其运行结果。

```
rst = filter(lambda sc:sc >= 80,[78,92,76,85,61,83])
print(list(rst))
```

3．阅读以下程序，输出其运行结果。

```
def fun(x,y):
    x = 10
    y = 20
    return (x,y)
if __name__ == '__main__':
    a = 30
    b = 40
    print('a=%d,b=%d' % (a,b))
```

```
    a,b = fun(a,b)
print('a=%d,b=%d' % (a,b))
```

4．阅读以下程序，输出其运行结果。

```
g = 2
def f1():
    g = 3
def f2():
    global g
    g = 4
def f3():
    g = 10
if __name__ == '__main__':
    f1()
    f2()
    f3()
    print('g={}'.format(g))
```

上机实践

1．使用函数实现打印九九乘法表的函数，并调用。

2．使用函数判断一个数是否为素数，若是返回 True，否则返回 False。

3．设计函数，能够根据用户输入的一个整数区间，求出该整数区间内的所有素数，并以列表的形式返回。

4．设计函数，输出斐波那契数列：1、1、2、3、5、8、13……的前 20 项。

5．设计函数，求分数序列：2/1、3/2、5/3、8/5、13/8、21/13……的前 29 项之和。

6．设计函数，求解鸡兔同笼问题：38 个头，104 只脚，求鸡和兔的数量。

项目 6　乌龟吃鱼游戏——面向对象

项目目标

- 掌握面向对象的基本概念
- 掌握类和对象的定义
- 掌握通过对象名调用其属性和行为
- 掌握单继承和多重继承
- 掌握类变量和实例变量的区别
- 能够设计类求解实际问题

项目描述

模拟乌龟吃鱼游戏，游戏规则：水池中有一只乌龟和若干条鱼，乌龟和鱼在水池中游动，如果乌龟遇到鱼则把鱼吃掉，生命值增加，乌龟游动消耗体力。如果池中所有的鱼都被吃掉或者乌龟体力耗尽游戏结束。

任务列表

任　务　名　称	任　务　描　述
任务 1 聪明的小狗——类和对象	类和对象的定义、构造方法、访问属性和行为
任务 2 莫问年龄和存款——私有成员	私有变量的定义和使用
任务 3 生物进化——继承	Python 中继承的格式和特性
任务 4 爱心募捐——实例变量和类变量	类变量和实例变量

6.1　任务 1 聪明的小狗——类和对象

任务目标

- 掌握类定义结构
- 掌握构造对象的方法
- 掌握通过对象名调用属性和行为的方式

【任务描述】设计一个狗类，包含名字、品种、年龄等属性，具备摇尾、趴下、打滚、奔跑等行为。运行结果如下所示。

大家好，我是[泰迪]小狗[小黑]，我今年[3]岁了
大家好，我是[中华田园犬]小狗[小黄]，我今年[2]岁了
小狗[小黑]趴下了…
小狗[小黄]打了一个滚…

小狗[小黄]跑了[400]米

6.1.1　知识点 1：面向对象和类

面向对象编程 OOP（Object-Oriented Programming）是一种抽象化的编程思想，就是一切皆对象，把具有相同属性和行为的对象抽象为"类"。通过建立模型的方式把对象抽象成计算机能理解的模型，类就相当于模板或模型，是抽象的，可根据该类（模板或模型）构造出一个个具体的对象。

面向对象三大特性为封装、继承和多态。

定义类的关键字为 class，类名即合法标识符，通常类名首字母大写，类中包括属性和行为，属性通常为状态，如姓名、年龄、成绩、联系方式等；而行为在类中称为方法，类似函数，其第一个参数通常为默认的 self，表示本对象。

【类定义格式 1】含构造方法

```
class 类名：
    def __init__(self,参数 1,参数 2,…)：   #构造方法
        #为对象属性赋初值

    def method(self,参数 1,参数 2,…)：      #其他方法
        #方法体
```

【类定义格式 2】不含构造方法，系统提供默认的无参构造方法

```
class 类名：
    def method(self,参数 1,参数 2,…)：      #其他方法
        #方法体
```

【说明】
- 构造方法是在构造类的对象时调用的函数，其通常为对象的数据成员赋初值。其方法名为__init__，即前后各两个下画线。

如果一个类没定义构造方法，系统会提供一个默认的无参构造函数（仅含有 self）。

Python 中析构方法为__del__，一般在删除对象时自动调用。
- 类中的每个方法第一个参数默认均为 self，表示本对象，除了必需的 self 参数外，其他参数根据需要可有可无。

【案例 1】定义一个学生类，包括姓名、年龄、班级等属性，以及自我介绍方法。

```
class Stu:
    def __init__(self,name,age,cls):      #构造方法
        self.name = name                  #为本对象的姓名成员 name 赋值
        self.age = age                    #为本对象的年龄成员 age 赋值
        self.cls = cls                    #为本对象的班级成员 cls 赋值
    def speak(self):
        print('大家好，我叫{}，{}岁，来自{}班'.format(
                        self.name,self.age,self.cls))
```

【案例 2】定义一个鸟类 Bird，仅包含飞行方法，不含构造方法。

```
class Bird:
    def fly(self):
        print('鸟儿在飞翔…')
```

6.1.2 知识点 2：创建对象

构造类的对象时，通过类的名字调用构造方法 __init__，为该对象的数据成员即属性赋初值。

● 如果类中没有显式定义构造方法或者定义的构造方法除了 self 外，没有其他参数，则创建该类对象的格式如下：

```
对象名 = 类名()
b = Bird()  #构造类 Bird 的对象 b
```

● 若类中定义的构造方法除了 self 外还有其他参数，则创建该类对象格式如下：

```
对象名 = 类名(参数 1,参数 2,…)
s1 = Stu('Tom',18,'智能 2111')  #构造学生对象 s1
s2 = Stu('Jim',19,'软件 2013')  #构造学生对象 s2
```

6.1.3 知识点 3：通过对象访问属性和行为

● 访问对象属性的格式如下：

```
对象名.属性名
s1.name        #访问对象 s1 的姓名，返回'Tom'
s2.age         #访问对象 s2 的年龄，返回 19
s2.cls         #访问对象 s2 的班级，返回'软件 2013'
```

● 访问对象行为的格式如下：

```
对象名.方法名(参数 1,参数 2,…)    #参数可有可无
b.fly()        #通过对象名 b 调用飞行方法 fly，输出：鸟儿在飞翔…
s1.speak()  #s1 自我介绍，输出：大家好，我叫 Tom，18 岁，来自智能 2111 班
```

6.1.4 任务实施

【分析】

本任务定义 Dog 类，包含构造方法、自我介绍 speak、摇尾巴 wag、趴下 lie、打滚 roll_over、奔跑 run 等方法。然后定义了 Dog 类的两个对象 dog1 和 dog2，用这两个对象分别调用其行为。

【参考代码】

```
class Dog():
    def __init__(self,breed,name,age):
        self.breed = breed
        self.name = name
        self.age = age

    def speak(self):
```

```
        """模拟小狗自我介绍"""
        print('大家好，我是[{}]小狗[{}],今年[{}]岁了'.format(
                self.breed,self.name,self.age))


    def wag(self):
        """模拟小狗摇尾巴"""
        print('小狗[{}]摇了下尾巴'.format(self.name))


    def lie(self):
        """模拟小狗趴下"""
        print('小狗[{}]趴下了…'.format(self.name))


    def roll_over(self):
        """模拟小狗打滚"""
        print('小狗[{}]打了一个滚…'.format(self.name))


    def run(self,dis):
        """模拟小狗跑了 dis 米"""
        print("小狗[{}]跑了[{}]米".format(self.name, dis))

if __name__ == '__main__':
    dog1 = Dog('泰迪',"小黑",3)          #生成狗对象 dog1
    dog2 = Dog('中华田园犬',"小黄",2)   #生成狗对象 dog2
    dog1.speak()
    dog2.speak()
    dog1.lie()
    dog1.wag()
    dog2.roll_over()
    dog2.run(400)
```

【运行结果】

```
大家好，我是[泰迪]小狗[小黑],我今年[3]岁了
大家好，我是[中华田园犬]小狗[小黄],我今年[2]岁了
小狗[小黑]趴下了…
小狗[小黑]摇了下尾巴
小狗[小黄]打了一个滚…
小狗[小黄]跑了[400]米
```

6.1.5　巩固案例

【案例】定义一个圆类，包含属性半径，及求周长和面积的方法。
【参考代码】

```
import math
class Circle:
```

```
    def __init__(self,r):
        self.r = r
    def perimeter(self):
        return 2 * math.pi * self.r
    def area(self):
        return math.pi * self.r ** 2


if __name__ == '__main__':
    c = Circle(10)    #构造半径为10的圆对象
    print('周长为{:.3f}'.format(c.perimeter()))#保留小数点后3位
    print('面积为{:.3f}'.format(c.area()))
```

【运行结果】

```
周长为62.832
面积为314.159
```

6.2 任务2 莫问年龄和存款——私有成员

6.2.1 知识点：私有成员属性

Python 类中默认的属性是 public，即公开的，可以在外部任意访问和修改，这不仅有悖于类的封装特性，还会降低数据的安全性。为此，与其他面向对象编程语言一样，Python 也提供了私有数据成员。

定义格式：私有成员属性在其属性名的前面加两个下画线，如__weight 和__score。

访问方式：私有成员属性只能在类内部访问，在类外不能直接访问私有成员属性。通常在类中提供获取私有属性的 get***方法及修改私有属性的 set***方法，间接操作私有成员属性。

【错误案例】试图在类外直接访问私有成员属性。

```
class Stu:
    def __init__(self,name,age,weight):
        self.name = name
        self.age = age
        self.__weight = weight
    def speak(self):
        print('我叫{},今年{}岁'.format(self.name,self.age))


if __name__ == '__main__':
    s = Stu('小丽',18,60)
    print(s.age)            #正确，可以在类外直接访问非私有属性 age
    print(s.__weight)       #报错：试图在类外直接访问私有属性__weight
```

【运行结果】

```
AttributeError: 'Stu' object has no attribute '__weight'
```

【正确案例】通过 set***和 get***方法可在类外间接访问私有属性。

```
class Stu:
    def __init__(self,name,age,weight):
        self.name = name
        self.age = age
        self.__weight = weight    #私有属性，属性名前两个下画线
    def speak(self):
        print('我叫{},今年{}岁'.format(self.name,self.age))
    def getWeight(self):
        return self.__weight
    def setWeight(self,newWeight):
        self.__weight = newWeight


if __name__ == '__main__':
    s = Stu('小丽',18,60)
    s.speak()
    print('修改前 体重（kg）:',s.getWeight())
    s.setWeight(59.5)       #通过 setWeight 方法修改私有属性体重
    print('修改后 体重（kg）:',s.getWeight())
```

【运行结果】

```
我叫小丽,今年 18 岁
修改前 体重（kg）: 60
修改后 体重（kg）: 59.5
```

6.2.2　任务实施

【参考代码】

```
class Person:
    def __init__(self,name,age,sc,money):
        self.name = name
        self.__age = age
        self.__score = sc
        self.__money = money

    def speak(self):
        print('我叫{}, {}岁, {}分, 余额{}元'.format(
                self.name,self.__age,self.__score,self.__money))

    def getAge(self):
```

```
        return self.__age

    def getSc(self):
        return self.__score

    def setSc(self,newSc):
        print('{}成绩由{}分'.format(self.name,self.getSc()),end=',')
        self.__score = newSc
        print('修改为{}分'.format(self.getSc()))

    def getMoney(self):
        return self.__money

    def earn(self,amount):
        self.__money += amount
        print('{}赚了{}元'.format(self.name,amount),end=',')
        print('剩余{}元'.format(self.getMoney()))

    def spend(self,amount):
        self.__money -= amount
        print('{}花了{}元'.format(self.name,amount),end=',')
        print('剩余{}元'.format(self.getMoney()))

if __name__ == '__main__':
    p1 = Person('Tom',18,82,35000)
    p2 = Person('Jim',21,79,50000)
    p1.speak()
    p2.speak()
    print()
    p1.earn(1000)
    p1.spend(150)
    p2.spend(300)
    print()
    p1.setSc(83)    #修改 p1 Tom 的成绩为 83 分
```

【运行结果】

```
我叫 Tom, 18 岁, 82 分, 余额 35000 元
我叫 Jim, 21 岁, 79 分, 余额 50000 元

Tom 赚了 1000 元,剩余 36000 元
Tom 花了 150 元,剩余 35850 元
Jim 花了 300 元,剩余 49700 元

Tom 成绩由 82 分,修改为 83 分
```

6.3　任务 3 生物进化——继承

任务目标

➢ 掌握类的定义结构
➢ 掌握构造对象的方法
➢ 掌握通过对象名调用属性和行为的方式

继承即"子承父业"，子类继承父类的非私有的属性和方法，在此基础上新增子类特有的属性和方法，起到代码复用的效果。Python 中的继承有单继承和多重继承。当定义一个类，没有明确指定其父类时，则默认该类继承自 object 类。

6.3.1　知识点 1：单继承

单继承格式为：

```
class 子类名(父类名):
    pass
```

【说明】pass 表示占位符，通常表示暂时没实现的函数（方法）体或类体。子类默认继承父类的非私有属性和方法。

1．不重写父类方法——直接继承

【案例 1】定义一个人类，包括姓名、年龄等属性，以及自我介绍方法。定义一个学生类继承人类，包括姓名、年龄和年级等属性，也包含自我介绍方法，其功能和内容同人类（即学生类的父类）的方法。

【分析】学生类可复用人类的姓名和年龄等属性，在此基础上新增年级属性，即类的继承，人类作为父类，学生类作为子类。子类学生类默认继承父类的自我介绍方法。

【参考代码】

```
class Person:
    def __init__(self,name,age):
        self.name = name
        self.age = age
    def introduce(self):
        print('大家好，我叫{}，今年{}岁'.format(self.name,self.age))

class Stu(Person):                          #类 Stu 继承自类 Person
    def __init__(self,name,age,grade):
        Person.__init__(self,name,age)      #调用父类构造方法
        self.grade = grade

if __name__ == '__main__':
    p = Person('张三',37)                    #父类对象 p
```

```
    p.introduce()
    s = Stu('李四',18,2)                          #子类对象 s
    s.introduce()                                #子类对象 s 直接调用从父类继承过来的方法
```

【运行结果】

```
大家好，我叫张三,今年 37 岁
大家好，我叫李四,今年 18 岁
```

2. 重写父类方法——方法覆盖

【案例 2】定义一个人类，包括姓名、年龄等属性，以及自我介绍方法。定义一个学生类，包括姓名、年龄和年级等属性，也包含自我介绍方法，该方法除了介绍姓名和年龄外，还输出年级信息。

【分析】

人类作为父类，学生类作为其子类，子类从父类继承姓名、年龄等属性，子类自我介绍方法的输出内容和格式不同于父类的该方法，故在子类中重写父类中的同名方法，相当于把从父类继承过来的该方法覆盖掉。

【参考代码】

```
#方法的重写
class Person:
    def __init__(self,name,age):
        self.name = name
        self.age = age
    def introduce(self):
        print('大家好，我叫{},今年{}岁'.format(self.name,self.age))


class Stu(Person):
    def __init__(self,name,age,grade):
        Person.__init__(self,name,age)  #调用父类构造方法
        self.grade = grade
    def introduce(self):          #子类重写父类中同名的方法
        print('我是{}年级学生{}，今年{}岁'.format(self.grade,
                self.name,self.age))
if __name__ == '__main__':
    p = Person('李四',37)
    s = Stu('李小四',12,6)
    p.introduce()
    s.introduce()  #调用子类中自定义的同名方法，而非父类同名方法
```

【运行结果】

```
大家好，我叫李四,今年 37 岁
我是 6 年级学生李小四，今年 12 岁
```

6.3.2 知识点 2：多重继承

多重继承是子类拥有多个父类，可同时继承多个父类的属性和方法。

多重继承格式为：

```
class 子类名(父类名 1,父类名 2):
    pass
```

【说明】多个父类名用逗号间隔，表示子类同时继承多个父类的属性和方法。

【案例 3】阅读以下程序，分析其运行结果。

【程序代码】

```
# 多层继承
class Bird:
    def fly(self):
        print('我会飞…')

class Goose:
    def swim(self):
        print('我会游…')

class Swan(Bird,Goose):  #同时继承多个类中的方法
    pass

if __name__ == '__main__':
    s = Swan()
    s.fly()
    s.swim()
```

【分析】子类 Swan 拥有两个父类 Bird 和 Goose，即同时继承了父类 Bird 的 fly 方法，以及父类 Goose 的 swim 方法。

【运行结果】

```
我会飞…
我会游…
```

6.4 任务 4 爱心募捐——实例变量和类变量

任务目标

➢ 掌握实例变量的定义和使用

➢ 掌握类变量的定义和使用

【任务描述】设计一个募捐类，统计输出实时捐款金额和明细。

实例变量就是属于对象（实例）的变量（属性），每个对象均有属于自己的独立实例变

量。而类变量属于整个类的所有对象所共有，即"公共空间"。

6.4.1 知识点 1：实例变量

1. 定义

实例变量是指在类的任意方法内部，以 self 开头定义的变量（属性）。

2. 语法格式

```
self.变量名
```

3. 访问方式

实例变量只能通过对象名访问，不能通过类名访问。

```
对象名.实例变量名
```

【案例】阅读以下代码，分析其中的实例变量。

【案例代码】

```python
class Stu:
    def __init__(self,name,age,sc):
        self.name = name
        self.age = age
        self.__score = sc    #私有成员变量

    def introduce():
        print('我是{},{}岁'.format(self.name,self.age))

    def getSc(self):
        return self.__score

if __name__ == '__main__':
    s1 = Stu('Tom',15,69)  #对象 s1
    s2 = Stu('Jim',14,73)  #对象 s2
    print('s1.age:{}'.format(s1.age))
    print('s2.age:{}'.format(s2.age))
    print('--------------')
    print('s1.__score:{}'.format(s1.getSc()))
    print('s2.__score:{}'.format(s2.getSc()))
```

【运行结果】

```
s1.age:15
s2.age:14
--------------
s1.__score:69
s2.__score:73
```

【分析】在类中的任意方法内以"self.变量名"定义和使用的变量均为"实例变量",故该类构造方法中的 self.name、self.age、self.__score 这三个以 self 开头的变量均是实例变量。

从该案例的运行结果可以看出,同一个类如 Stu 类的不同对象 s1 和 s2 的某实例变量,如 self.__score 是各自独立、互不影响的,即都有自己的独立存储空间和值。

6.4.2 知识点 2:类变量

1. 定义

类变量是指在类的所有方法之外定义的变量。

```
self.变量名
```

2. 语法格式

```
#类变量
class 类名:
    类变量名 = 初值
    def other(self):
        pass
```

3. 访问方式

类变量既可以通过类名访问,也可以通过对象名访问,建议通过类名访问。

```
类名.类变量名        #推荐方式
对象名.类变量名
```

【案例】阅读以下代码,分析其中的类变量和实例变量。

【案例代码】

```
class Rect:
    cnt = 0
    def __init__(self,w,h):
        self.w = w
        self.h = h
        Rect.cnt += 1
    def area(self):
        return self.w * self.h
if __name__ == '__main__':
    r1 = Rect(2,1)
    r2 = Rect(4,3)
    r3 = Rect(3,5)
    print('创建矩形的个数[Rect.cnt]:{}'.format(Rect.cnt))
    print('创建矩形的个数[r2.cnt]:{}'.format(r2.cnt))
```

【运行结果】

```
创建矩形的个数[Rect.cnt]:3
创建矩形的个数[r2.cnt]:3
```

【分析】在类 Rect 中有两个方法：构造方法__init__和求面积方法 area，在构造方法中以 self 开头定义的两个变量 self.w 和 self.h 为实例变量。

在 Rect 所有方法之外定义的变量 cnt 为类变量，即属于整个类所有对象所共享的一个变量空间，故无论通过类名还是通过某个具体对象名来访问该类变量，均得到同一个结果，但建议采用"类名.类变量名"引用的方式。

6.4.3 知识点 3：str.center 的使用

字符串 center 方法返回指定宽度 width 且居中的字符串，fillchar 为填充字符，默认为空格。

调用格式为

```
str.center(width, fillchar=' ')
```

【案例 1】字符串内容（如"欢迎光临"）为偶数（4）位，输出总位宽为（11），其余填充符 7（奇数）位，则左边多 1 个填充符。

【实例代码】

```
print('欢迎光临'.center(11,'*'))    #左边多 1
```

【运行结果】

```
****欢迎光临***
```

● 【案例 2】字符串内容（如"南京欢迎您"）为奇数（5）位，输出总位宽为（12），其余填充符 7（奇数）位，则右边多 1 个填充符。

【实例代码】

```
print('南京欢迎您'.center(12,'-'))    #右边多 1
```

【运行结果】
```
---南京欢迎您----
```

6.4.4 任务实施

【参考代码】

```
import random
class Donate:
    total = 0                          #类变量定义
    def __init__(self,name):
        self.name = name
    def donate(self,num):
        Donate.total += num            #通过类名访问类变量

def main():
    name_ls = ['张三','李四','王五','赵六','刘七']
    print('捐款活动开始'.center(20,'-'))
```

```
    for name in name_ls:
        p = Donate(name)                    #生成募捐者对象
        num = random.randint(100,500)       #随机整数金额
        p.donate(num)                       #调用募捐方法，传入捐款金额
        print('{}捐款{}元'.format(p.name,num))
        print('当前捐款总额:{}元'.format(Donate.total))
        print('------------------')
    else:  #只有当for循环正常遍历结束后，才进入else部分执行
        print('捐款活动结束'.center(20,'-'))
        print('捐款总额:[{}]元'.format(Donate.total))

if __name__ == '__main__':
    main()
```

【运行结果】

```
-------捐款活动开始-------
张三捐款 364 元
当前捐款总额:364 元
------------------
李四捐款 301 元
当前捐款总额:665 元
------------------
王五捐款 388 元
当前捐款总额:1053 元
------------------
赵六捐款 295 元
当前捐款总额:1348 元
------------------
刘七捐款 154 元
当前捐款总额:1502 元
------------------
-------捐款活动结束-------
捐款总额:[1502]元
```

6.5 项目实施

【参考代码】

```
import random
import time

x_left,x_right = 0,10
y_bottom,y_top = 0,10
```

```
class Animal:
    def swim(self):
        x_new = self.x + random.choice([-2,-1,0,1,2])
        if x_new < x_left:          #超越左边界
            self.x = x_left + random.choice([0,1,2])
        elif x_new > x_right:       #超越右边界
            self.x = x_right - random.choice([0,1,2])
        else:
            self.x = x_new

        y_new = self.y + random.choice([-2,-1,0,1,2])
        if y_new < y_bottom:        #超越下边界
            self.y = y_bottom + random.choice([0,1,2])
        elif y_new > y_top:
            self.y = y_top - random.choice([0,1,2])
        else:
            self.y = y_new
        self.power -= 1             #每游动一次消耗1个体力
        return (self.x,self.y)

class Turtle(Animal):
    def __init__(self):
        self.power = 100
        self.x = random.randint(x_left,x_right)
        self.y = random.randint(y_bottom,y_top)

    def eat(self):
        self.power += 10
        if self.power > 100:        #体力不超过100
            self.power = 100

class Fish(Animal):
    def __init__(self,no):
        self.no = no
        self.power = 100
        self.x = random.randint(x_left,x_right)
        self.y = random.randint(y_bottom,y_top)

    def bubble(self):
        print('{}号鱼吐了个泡泡…'.format(self.no))

def main():
    print('Games Begin'.center(30,'-'))
    t = Turtle()                    #生成一只乌龟
```

```
    fish_ls = []
    for i in range(10):              #生成带编号的10条鱼
        fish = Fish(i+1)
        fish_ls.append(fish)

    while True:
        if t.power <= 0:
            print('乌龟体力耗尽，游戏结束…')
            print('Games Over'.center(30,'-'))
            break
        elif len(fish_ls) <= 0:
            print('鱼被吃光了…')
            print('乌龟生命值{}'.foramt(self.power))
            print('Games Over'.center(30,'-'))
            break
        else:
            t_pos = t.swim()         #乌龟移动一次，返回新位置并保存到pos中
            for f in fish_ls:
                f_pos = f.swim()    #获取每条鱼游动后的新位置
                if f_pos == t_pos:
                    t.eat()          #乌龟吃鱼
                    print('{}号鱼被吃掉了'.format(f.no))
                    fish_ls.remove(f)
                    time.sleep(1)
                else:                #没被吃掉，偶尔吐个泡
                    n = random.randint(1,200)
                    if n == 10:
                        f.bubble()


if __name__ == '__main__':
    main()
```

【运行结果】

```
---------Games Begin----------
6号鱼被吃掉了
3号鱼吐了个泡泡…
1号鱼吐了个泡泡…
5号鱼吐了个泡泡…
2号鱼被吃掉了
4号鱼被吃掉了
5号鱼被吃掉了
8号鱼被吃掉了
9号鱼被吃掉了
3号鱼吐了个泡泡…
```

10 号鱼被吃掉了
乌龟体力耗尽，游戏结束…
----------Games Over----------

6.6 项目小结

1．面向对象三大特性为：封装、继承、多态。

2．类的构造方法是在创建对象时调用，注意其方法名前后均有两个下画线__init__。

3．类的私有成员变量前有两个下画线，如__age、__money 等，在类外不能直接访问私有成员变量。

4．通常提供 get***和 set***方法获取或修改私有成员变量的值。

5．类的继承分单继承和多继承，其主要为提高代码的复用率。子类默认继承父类的非私有属性和方法。

习题 6

理论知识

一、填空题

1．Python 是一种面向_____的高级程序设计语言。

2．Python 中定义类的关键字为_____。

3．Python 中构造方法名为_____，析构方法名为_____。

4．若 Python 定义类时未明确指定其父类，则默认该类继承自_____类。

二、判断题

1．封装、继承、多态是面向对象编程的三大特征。（　　　）

2．Python 一个类中构造方法最多只能有一个。（　　　）

3．Python 类中必须显式定义构造方法。（　　　）

4．Python 中类的继承只能单重继承，不允许多重继承。（　　　）

5．Python 子类中可以定义与父类中同名的属性和方法。（　　　）

三、选择题

1．下列说法中不正确的是（　　　）。

　A．类是对象的模板，而对象是类的实例

　B．实例属性名如果以__开头，就变成了一个私有变量

　C．只有在类的内部才可以访问类的私有变量，外部不能访问

　D．在 Python 中，一个子类只能有一个父类

2．在类 Stu 中，访问类实例属性 name 的格式是（　　　）。

　A．Stu.name　　　　B．self.name　　　　C．self→x　　　　D．Name

3．下列方法中，在构造类的对象时，负责初始化对象属性的是（　　　）。

　A．__del__()　　　　B．__init__()　　　　C．__add__()　　　　D．__str__()

4. 下面代码能正常执行的是（　　　）。

```
class Hello():
    def __init__(self,name):
        self.name=name
    def showInfo(self):
        print(self.name)
```

A. obj = Hello('张三')　　obj.showInfo()

B. obj = Hello()　　　　obj.showInfo('张三')

C. obj = Hello　　　　　obj.showInfo()

D. obj = Hello('李四')　　showInfo()

5. 下列关于 Python 面向对象说法中错误的是（　　　）。

A. 实例方法在创建对象前就可以调用

B. 实例方法必须创建对象后才可以调用

C. 类方法既可以用对象名也可以用类名来调用

D. 类方法在创建对象前就可以调用

6. 下列说法中正确的是（　　　）。

A. 封装、继承、多线程是面向对象编程的三大特性

B. 类的实例变量通过"类名.实例变量名"的方式调用

C. 类变量只能通过"类名.类变量名"的方式调用

D. 类继承中，子类含有和父类同名的方法，则表示覆盖父类同名方法

四、简答题

1. 简述类和对象的概念和关系。

2. 简述文件打开的常见模式的功能及注意事项。

3. 简述文本文件和二进制文件的区别。

4. 简述 write(text, /)、writelines(lines, /)两个文件写入方法的参数及功能区别。

5. 简述 read(size)、readline()及 readlines(hint=-1, /)三个文件读取方法的参数及功能区别。

五、程序分析题

1. 阅读以下程序，输出其运行结果。

```
#定义圆类
import math
class Circle:
    def __init__(self,r):       #构造方法
        self.r = r
    def area(self):             #求面积方法
        return math.pi * self.r ** 2
    def perimeter(self):        #求周长方法
        return 2 * math.pi * self.r

if __name__ == '__main__':
```

```
c1 = Circle(3.5)
s = c1.area()
p = c1.perimeter()
print('半径为:{},面积为:{:.3f}'.format(c1.r,s))
print('半径为:{},周长为:{:.3f}'.format(c1.r,p))
```

2. 阅读以下程序，输出其运行结果。

```
class Person:
    def __init__(self,Name,Age):
        self.name=Name
        self.age=Age
    def show(self):
        print('姓名:%s 年龄:%d' % (self.name,self.age))
class Stu(Person):
    def __init__(self,name,age,score):
        super(Stu,self).__init__(name,age)
        self.score=score
    def info(self):
        Person.show(self)
        print('成绩:',self.score)
s=Stu("张三",20,93) #创建对象
s.info()
```

3. 阅读以下程序，输出其运行结果。

```
class A:
    def __init__(self,a):
        self.a = a
        a = 200
obj = A(100)
print(obj.a)
```

上机实践

1. 定义一个矩形类，包括宽和高两个属性，以及求面积和求周长两个方法，并创建两个矩形对象，分别求其面积和周长。

2. 在乌龟吃鱼游戏的基础上，增加趣味性。比如，若乌龟体力耗尽游戏结束，可以输出没有被吃掉的幸运鱼；乌龟遇到鱼，鱼儿也可能成功逃脱等功能。

3. 定义学生类，包括姓名、年龄、成绩（语文，数学，英语）等属性，以及获取姓名 getName、获取年龄 getAge、获取 3 门成绩最高分和平均分（保留小数点后 2 位）的 getScore 等方法。

4. 为二次方程式 $ax^2+bx+c=0$ 设计一个名为 Equation 的类，该类包括：

（1）系数 a、b、c 对应的成员变量（属性）。

（2）为 a、b、c 赋初值的构造方法。

（3）getDiscriminant()成员方法返回判别式$\triangle=b^2-4ac$ 的值。当$\triangle>0$ 时，方程有两个不相等的实数根；当$\triangle=0$ 时，方程有两个相等的实数根；当$\triangle<0$ 时，方程无实数根。

（4）调用 getRoot1()和 getRoot2()方法分别返回方程的两个实数根：如果判别式为负，输出"方程无实根"。

5．定义一个圆类，再定义一个圆柱体类继承圆类，定义圆柱体类的对象，并求该对象的体积，并验证。

6．定义一个三角形类，输入三条边，判断能否构成三角形，如果能，则计算并输出三角形的面积，进行若干次尝试，统计能构成三角形的个数并输出。假设三角形三条边分别为a、b、c，则周长的一半为$s=(a+b+c)/2$，面积为$\text{area}=\sqrt{s\times(s-a)\times(s-b)\times(s-c)}$。

项目 7　能否构成三角形——异常处理

项目目标

● **知识目标**

本项目将学习异常的概念及常见的异常类，学习异常处理的常用关键词和异常捕获处理结构，学会断言的简单使用。

● **技能目标**

掌握常见异常类及其捕获、处理方法；在项目或任务开发过程中，能够根据需要自定义异常，并能捕获、处理该异常。掌握断言在函数参数判断中的应用。

● **素养目标**

要正确看待在生活、学习和工作中遇到的各种困难和挫折等"异常"，及时发现隐患，防微杜渐，每种困难（异常）都有自己的解决和处理方案，不能一概而论。既要保持乐观心态，又要有危机意识。培养善于发现问题，并及时妥善处理问题的能力。

项目描述

常规方案：设计一个计算三角形面积的程序，当用户输入三条边长，程序会计算并输出该三角形的面积。

这样设计会不会有问题呢？如果当用户输入 1、2、3 怎么办？也都帮其计算面积吗？可这根本都构不成三角形呀！更谈不上求三角形面积了。所以此方案欠妥。

改进方案：自定义一个三角形异常类，当用户传入三个数据构造一个三角形对象前，先判断是否满足三角形边长关系，如果不满足，则抛出异常，并提示用户重新输入；若满足，则构造该三角形对象，计算并输出其面积。

任务列表

任 务 名 称	任 务 描 述
任务 1 除数为零的烦恼——初识异常	算法性质和目标，程序健壮性，异常概念，常见的异常类
任务 2 输入到满意为止——异常处理	Python 异常处理 try-except-finally 结构
任务 3 圆半径不能为负——自定义异常	自定义异常类的定义格式及抛出方式

7.1　任务 1　除数为零的烦恼——初识异常

任务目标

➤ 了解算法的概念

> ➤ 了解算法的性质和目标
> ➤ 了解异常的概念

【任务描述】小明要设计一个简易计算器。帮其设计一个除法运算函数，并用测试用例验证该函数的正确性及健壮性。

7.1.1　知识点 1：算法性质和目标

1．算法

算法是解决问题的方法、步骤的集合。

老师在课堂上抛出一个问题，计算从 1 加到 100，并说出思路。

小明方案：先计算 1+2=3，再接着依次计算 3+3=6，6+4=10，10+5=15，…，4851+99=4950，4950+100=5050。这个工作量有点大，且极易出错，但这也是一种方案。

小亮方案：

1+2+3+4+5+…+99+100　　　　(1)

100+99+98+97+…+2+1　　　　(2)

把上述两式对应值相加，即

(1+100)+(2+99)+(3+98)+…+(99+2)+(100+1)=101×100

由于正反各加了一次，故 1+2+3+…+100=101×100÷2=101×50=5050

暂且不论优劣，小明和小亮均给出了该问题的解决方案，这两种方案都称为算法。

2．算法性质

通常，算法有输入、输出、有限、确定和可执行 5 个性质。

3．算法目标

除了性质外，通常还主要关注算法的正确性、可读性、健壮性、高时间效率和高空间效率等几大追求目标。

健壮性就是算法程序不仅能应对用户的合法输入，而且当用户有意或无意输入非法数据时，程序也能给出提示及合理解决非法数据，而不至于崩溃。

高时间效率：在相同软硬件平台中，在处理相同数据集的情况下，耗时越少的算法，称其具有高时间效率。

异常处理保障了程序在"异常"情况下也能"健康"地运行。

7.1.2　知识点 2：错误和异常

错误可大致包括两种情况，一种是在程序解释执行过程中因硬件或操作系统等引起的"非正常"情况，如内存溢出、虚拟机故障等；另一种是因存在 Python 解释器无法识别的语法错误而导致程序无法解释执行的情况，如符号错误（SyntaxError）、缩进错误（IndentationError）等。

在程序执行过程中，因算法缺陷、编程疏忽大意或用户输入错误数据等原因导致的"非正常"情况，称为异常。例如，除数为零（ZeroDivisionError）、访问序列元素下标越界（IndexError）、文件找不到（FileNotFoundError）等。

7.1.3　任务实施

【分析】设计一个除法函数 div，再设计多组测试用例，验证算法的正确性和健壮性。

【参考代码】

```
def div(x,y):
    return x / y
if __name__ == '__main__':
    print(div(3,4))          #测试用例1：正整数
    print(div(-3,2))         #测试用例2：被除数为负
    print(div(3,-8))         #测试用例3：除数为负
    print(div(3.6,2.5))      #测试用例4：浮点数
    print(div(0,2))          #测试用例5：被除数为0
    print(div(3,0))          #测试用例6：除数为0
```

【运行结果】

```
0.75
-1.5
-0.375
1.44
0.0
-----------------------------------------------------------
ZeroDivisionError              Traceback (most recent call last)
ZeroDivisionError: division by zero
```

【总结】除了除数为零的测试用例，运行时报 ZeroDivisionError 异常外，其他测试用例都能得到正确结果。

7.1.4　知识点 3：常见异常类型

除了上述的除数为零的异常外，在程序设计过程中还有如下常见异常。

1．类型异常

【示例】

```
s = 'hello' + 2021
```

【运行结果】

```
TypeError: can only concatenate str (not "int") to str
```

【异常原因】+运算符不能连接字符串和数值。

【知识回顾】

```
'Hello' + ' ' + 'World.'  #正确，返回'Hello World.'
5 + 2  #正确，连接数值，执行加法运算，返回7
['Hello']+[2022,10,1]  #正确，返回['Hello', 2022, 10, 1]
```

2．值异常

【示例】

```
a = int(input('输入数值：'))
```

如果用户无意中输入非整数值，如浮点数 3.14 或字符串 hello，则均会抛出如下异常。

【运行结果】

```
输入数值：3.14
----------------------------------------------------------------
ValueError                    Traceback (most recent call last)
ValueError: invalid literal for int() with base 10: '3.14'
```

3．名称异常

【示例】

```
s = c + 3
```

【运行结果】

```
----------------------------------------------------------------
NameError                     Traceback (most recent call last)
NameError: name 'c' is not defined
```

【异常原因】解释器不理解 c 的含义，提示 c 未定义。

4．文件找不到异常

【示例】

```
open(r'D:\DataSet\boston_housing.txt')
```

若上述文件路径不存在，则会抛出如下异常。

【运行结果】

```
----------------------------------------------------------------
FileNotFoundError             Traceback (most recent call last)
FileNotFoundError:No such file or directory:
'D:\\DataSet\\boston_housing.txt'
```

5．索引异常

【示例】

```
ls = ['Hello','2022',9,1]
a = ls[4]
```

【运行结果】

```
----------------------------------------------------------------
IndexError                    Traceback (most recent call last)
IndexError: list index out of range
```

【异常原因】列表 ls 含 4 个元素，下标索引从 0～3，故 ls[4]下标越界。

6. 语法错误（强类型异常）

【示例】

```
a = 'hello' * 2
```

【运行结果】

```
File "<ipython-input-13-9e852896e0fe>", line 1
a='hello'*2
          ^
SyntaxError: EOL while scanning string literal
```

【异常原因】字符串 "'hello'" 的右引号错误写为中文符号，异常标识之所以指向 2，是因为解释器从字符串起始标志左侧正确单引号处开始向右搜寻字符串结束标志英文单引号，但一直到本行结束 "2" 处，依然没找到，故异常标识在本行结束处。

7. 缩进异常（强类型异常）

【示例】

```
a = 3
b = 5
  s = a + b
print(s)
```

【运行结果】

```
File "<ipython-input-41-24e226485cff>", line 4
s = a + b
^
IndentationError: unexpected indent
```

【异常原因】Python 是使用缩进来标识代码块和代码逻辑的。示例代码中的 4 行代码应缩进一致。

7.2　任务 2　输入到满意为止——异常处理

任务目标

➢ 掌握异常处理的关键词
➢ 掌握异常处理的结构

【任务描述】设计一个除法程序，要求用户从键盘输入两个数值，如果输入合法，则计算并输出两数相除的结果。当输入了非数据，如字符串数据，或除数为 0 的情况，程序应该能够给出相应提示信息，而不至于程序崩溃。

7.2.1　知识点 1：异常处理结构及流程

1．try-except 异常处理结构

【结构 1】

```
try:
    #代码块
except 异常类型名1,异常类型名2,…,异常类型名n as e:
    #异常处理
```

【结构 2】推荐结构

```
try:
    #代码块
except 异常类型名1 as e:
    #异常处理
except 异常类型名2 as e:
    #异常处理
…
except 异常类型名n as e:
    #异常处理
```

【执行流程】把可能出现"异常"的代码块用关键词 try "监视"起来，代码块中一旦出现如除数为零异常 ZeroDivisionError 或值异常 ValueError 等，则抛出异常。若所抛出的异常类型与 except 关键字后的异常类型相匹配，则执行异常处理操作。若所抛出异常与 except 后的所有异常类型名均不匹配，则表示无法捕获异常，程序终止执行。

2．try-except-else 结构

【结构】

```
try:
    #代码块
except 异常类型名1,异常类型名2,…,异常类型名n as e:
    #异常处理
else:
    #无异常时执行
```

【说明】当没有抛出异常时，则执行 else 部分代码。

【案例 1】阅读以下程序，掌握其执行流程。

【案例代码】

```
while True:
    try:
        a = int(input('输入整数1: '))
        b = int(input('输入整数2: '))
        rst = a / b
```

```
        print('rst={}'.format(rst))
    except ZeroDivisionError as e:
        print(e)
    else:
        print('无任何异常，完美！')
        break
```

【分析】如果 a/b 抛出异常，则不执行 try 语句块中其后面的语句，因为此处抛出的是除数为零异常对象，与 except 后的异常类型相匹配，所以执行 print(e)打印异常对象信息；若本次未抛出异常，则进入 else 部分语句组执行，执行完 break 后退出所在层循环，程序结束。

【运行结果】

```
输入整数 1：1
输入整数 2：0
division by zero
输入整数 1：3
输入整数 2：0
division by zero
输入整数 1：4
输入整数 2：5
rst=0.8
无任何异常，完美！
```

3. try-except-finally

【结构】

```
try:
    #代码块
except 异常类型名1,异常类型名2,…,异常类型名n as e:
    #异常处理
finally:
    #无论是否有异常都要执行
```

【说明】无论有没有异常，都要执行 finally 部分的代码。

【案例 2】阅读以下程序，掌握其执行流程。

【案例代码】

```
while True:
    try:
        a = eval(input('输入整数 1：'))
        b = eval(input('输入整数 2：'))
        rst = a / b
        print('{}/{}={}'.format(a,b,rst))
    except ZeroDivisionError as e:
        print('很遗憾，有点问题')
        print(e)
```

```
    else:        #无任何异常时才进入
        print('恭喜！完美！')
        break
    finally:     #不管是否有异常，都进入执行
        print('继续努力，加油！！')
        print(''.center(20,'-'))  #str.center 输出分界线
```

【分析】案例代码中含有 finally 部分，则无论是否有异常都会执行该部分代码。没有异常时才执行 else 部分，由于其中含 break 关键字，即当没有异常发生时，程序结束。

【运行结果】

```
输入整数 1：5
输入整数 2：0
很遗憾，有点问题
division by zero
继续努力，加油！！
--------------------
输入整数 1：3
输入整数 2：4
3/4=0.75
恭喜！完美！
继续努力，加油！！
--------------------
```

7.2.2　知识点 2：断言 assert

1．断言格式

```
assert 表达式
```

【说明】当表达式的值为 True（真）时，不抛出异常；反之，当表达式的值为 False（假）时，则抛出 AssertionError。

【示例】

```
assert 1 + 2 == 3    #表达式为真，不抛出异常
assert 1 + 2 == 4    #表达式为假，抛出 AssertionError 异常
```

【运行结果】

```
AssertionError           Traceback (most recent call last)
AssertionError:
```

【案例】设计函数，判断用户传入的姓名是否为字符串，年龄是否为整数，成绩是否为 0 到 100 以内的整数值。如果不满足，则抛出异常。

【分析】判断函数参数是否满足要求，可在定义函数时，对参数使用断言 assert 关键字。例如，为确保年龄 age 是整数，则使用 assert type(age) is int；为确保成绩 sc 是 0～100 之间的整数，则使用 assert (type(sc) is int) and (sc >=0 and sc <= 100)。

【参考代码】

```
def fun(name,age,sc):
    assert type(name) is str
    assert type(age) is int
    assert (type(sc) is int) and (sc >=0 and sc <= 100)
    print('姓名:{}，年龄:{},成绩:{}'.format(name,age,sc))
```

【调用1】

```
if __name__ == '__main__':
    fun('张三',23,86)
```

【运行结果1】

```
姓名:张三，年龄:23,成绩:86
```

【调用2】

```
if __name__ == '__main__':
    fun('李四',23.5,86)
```

【运行结果2】assert type(age) is int 抛出异常

```
----------------------------------------------------------------
AssertionError              Traceback (most recent call last)
----> 2    fun('李四',23.5,86)
----> 3    assert type(age) is int
AssertionError:
```

【调用3】不满足条件(sc >=0 and sc <= 100)，抛出异常

```
if __name__ == '__main__':
    fun('王五',18,102)
```

【运行结果3】

```
----------------------------------------------------------------
AssertionError              Traceback (most recent call last)
----> 2    fun('王五',18,102)
----> 4    assert (type(sc) is int) and (sc >=0 and sc <= 100)
AssertionError:
```

7.2.3 任务实施

【分析】本任务一直运行到输入符合要求为止，故可以采用"死循环"配以 break 结构实现。程序能捕获除数为零异常以及值异常，并打印相应异常提示信息。

【参考代码】

```
while True:
    try:
```

```
        x = eval(input('输入整数 1: '))
        y = eval(input('输入整数 2: '))
        rst = x / y
        print('{}/{}={:.3f}'.format(a,b,rst))
        break
    except ZeroDivisionError as e:
        print(e)
    except ValueError as e:
        print(e)
    except NameError as e:
        print(e)
```

【运行结果】

```
输入整数 1: 3
输入整数 2: d
name 'd' is not defined
输入整数 1: 5.3
输入整数 2: 0
float division by zero
输入整数 1: 5
输入整数 2: 3
1/1=1.667
```

7.3 任务 3 圆半径不能为负——自定义异常

任务目标

➢ 掌握自定义异常类的结构
➢ 能够使用自定义异常处理实际问题

【任务描述】设计一个圆类，要求用户从键盘输入圆半径，如果输入半径为正，则创建该圆对象，并输出该圆的周长和面积；如果输入半径值为负，则抛出异常，不创建该圆对象，并提示用户相应信息。

7.3.1 知识点 1：自定义异常类

自定义异常类格式为

```
class 异常类名(Exception):
    #构造方法__init__
    #对象描述方法__str__
    #其他方法
```

【说明】自定义异常类通常继承自异常类的父类 Exception，其方法通常包括构造方法和对象描述方法（调用 print 函数打印对象时的描述信息）。

7.3.2　知识点 2：raise 主动抛出异常

像除数为零异常 ZeroDivisionError、名称异常 NameError 等预定义异常，程序执行到此处会自动抛出该异常对象，进而用 except 关键字进行捕获处理。而自定义异常却需要编程者使用关键字 raise 自行抛出该自定义异常类的对象，才能捕获异常。

自定义异常的抛出、捕获结构为

```
try:
    语句块
    raise 自定义异常类对象        #抛出自定义的异常类对象
except 自定义异常类名 as e:
    异常处理                    #通常包含打印异常对象信息 print(e)
```

7.3.3　任务实施

【分析】

（1）根据任务要求，半径为负数或零则抛出异常，故需自定义该异常类 CircleException，继承自 Exception 类，并定义构造方法和对象描述方法__str__。

（2）定义圆类 Circle，在其构造函数内判断传入的半径值是否有异常（r <= 0），如果有异常，则使用异常类名传入一个半径参数 CircleException(r)间接调用其构造方法，从而构造该自定义异常类型的对象，并用 raise 关键字主动将其抛出。

【参考代码】

```
#圆的半径不能为负数和零
import math
class CircleException(Exception):
    def __init__(self,r):
        self.r = r
    def __str__(self):    #对异常对象的描述信息
        return '异常：半径{}不满足大于 0'.format(self.r)


class Circle:
    def __init__(self,r):
        if r <= 0:
            raise CircleException(r)  #构造自定义异常对象，并抛出
        self.r = r
    def getArea(self):
        return math.pi * self.r ** 2
    def getLen(self):
        return 2 * math.pi * self.r


if __name__ == '__main__':
    try:
        r = eval(input('输入半径: '))
        c = Circle(r)
        print('半径:{},面积:{:.3f},周长:{:.3f}'.format(r,c.getArea(),
```

```
                              c.getLen()))
    except CircleException as e:  #捕获并处理自定义异常对象
        print(e)
```

【运行结果 1】半径为负，抛出异常。

输入半径：-1.2
异常：半径-1.2 不满足大于 0

【运行结果 2】合法半径，正常创建圆对象，输出面积和周长。

输入半径：6.3
半径:6.3,面积:124.690,周长:39.584

7.4　项目实施

【参考代码】

```
import math
class TriangleException(Exception):
    def __init__(self,a,b,c):
        self.a = a
        self.b = b
        self.c = c
    def __str__(self):      #异常对象描述方法
        return '{}、{}、 {}不能构成三角形'.format(a,b,c)


class Triangle:
    def __init__(self,a,b,c):
        if a + b <= c or a + c <= b or b + c <= a:
            raise TriangleException(a,b,c)  #抛出自定义异常对象
        self.a = a
        self.b = b
        self.c = c
    def getArea(self):
        t = (self.a + self.b + self.c) /2
        return math.sqrt(t*(t - a)*(t - b)*(t - c))


if __name__ == '__main__':
    try:
        a = eval(input('边长1: '))
        b = eval(input('边长2: '))
        c = eval(input('边长3: '))
        obj = Triangle(a,b,c)
        print('三角形[{}、{}、{}]面积:{:.3f}'.format(a,b,c,obj.getArea()))
    except TriangleException as e: #捕获处理自定义异常对象
        print(e)
```

【运行结果 1】

```
边长 1：1
边长 2：2
边长 3：3
1、2、3 不能构成三角形
```

【运行结果 2】

```
边长 1：3
边长 2：4
边长 3：5
三角形[3、4、5]面积:6.000
```

【运行结果 3】

```
边长 1：4
边长 2：5
边长 3：6
三角形[4、5、6]面积:9.922
```

7.5　项目小结

本项目主要介绍了以下知识点：

- 算法的概念。
- 算法的性质：输入、输出、有限、确定和可执行性。
- 算法的目标：正确性、可读性、健壮性、高时间效率和高空间效率等。
- 异常和错误的区别。
- 常见的异常类：类型异常 TypeError、值异常 ValueError、名称异常 NameError、文件找不到异常 FileNotFoundError、索引异常 IndexError、零除异常 ZeroDivisionError 等。
- 掌握异常处理 try-except、try-except-else 和 try-except-finally 等结构的特点和执行流程。
- 自定义异常类需继承 Exception，通常含构造方法和对象描述方法__str__等。
- 预定义异常会自动抛出，而自定义异常则需要使用 raise 关键字抛出。
- 强类型错误，如缩进异常 IndentationError 和语法错误 SyntaxError 等无法进行捕获处理。

习题 7

理论知识

一、填空题

1. Python 中自定义异常需要继承_____类。
2. 未找到指定文件或目录时会引发_____异常。

3．列表 a = [1,2,3,4,5]，则 a[5] 会引发_____异常。

4．算法的性质主要有_____、_____、_____、_____、_____等。

二、判断题

1．异常就是错误，通常无须处理。（   ）

2．Python 中可以使用 raise 关键字主动抛出指定异常。（   ）

3．try-except 能捕获处理所有异常。（   ）

4．try-except 结构中每个 except 后只能跟一个异常类型。（   ）

5．assert 后的表达式为 True 时会抛出 AssertionError 异常。（   ）

三、选择题

1．在 Python 异常捕获中，各子句的顺序为（   ）。

    A．try-except-finally   B．try-catch-finally

    C．try-finally-else   D．catch-else-finally

2．下列有关异常说法中正确的是（   ）。

    A．如果包含 finally 子句，那么该子句在任何情况下都会执行

    B．5/0 会抛出 ValueError 异常

    C．若程序中抛出异常，则该程序一定会终止执行

    D．try-except 结构中只能含有一个 except 子句

四、简答题

1．简述什么是异常，并列举 Python 中常见异常种类及触发条件。

2．断言 assert 关键字的作用。

上机实践

1．设计一个简易计算器，引入异常处理机制。

2．定义一个矩形类，求其周长和面积。输入的宽和高必须大于 0，否则抛出异常，提示用户重新输入。

3．定义学生类，包括姓名、学号、成绩（语文，数学，英语）等属性，以及获取 3 门成绩最高分 getMax 和平均分（保留小数点后 2 位）getMean 等方法。要求输入的成绩必须在 0～100 之间，否则抛出异常。

项目 8 简易通讯录——文件操作

项目目标

- **知识目标**

本项目将学习文件的概念及常见的文件读写方法，掌握文件操作过程中的异常处理。

- **技能目标**

能够使用 Python 灵活操作常见的文件，并能够在文件操作中融入异常处理的思维。

- **素养目标**

做事规范，有始有终；物品分类摆放保持整洁，不浪费资源。

项目描述

设计制作一个简易通讯录程序，实现对联系人相关信息的增删改查等操作。

常规方案：使用如列表等可变数据类型存储联系人相关信息，通过调用列表的相关函数实现对联系人信息的增删改查等操作。这种方案很大弊端是再次启动程序时，上次运行程序的通讯录数据将会丢失，不便于在实际场景中应用。

改进方案：使用文件存储通讯录联系人的相关信息。

任务列表

任 务 名 称	任 务 描 述
任务 1 灵活进行文件目录管理——初识文件和目录	在指定位置创建目录，并对目录进行增删改查操作
任务 2 录入学生信息——写入操作	向指定文件中写入学生信息
任务 3 读取学生信息——读取操作	从指定目录读取学生信息文件，并输出到屏幕

8.1 任务 1 灵活进行文件目录管理——初识文件和目录

任务目标

➢ 掌握文件和目录的基本概念
➢ 掌握对目录的常见操作

【任务描述】在指定位置创建目录，能够对目录进行增删改查等操作，在该目录下手动创建若干文件和子文件夹，并把该目录作为源目录。将源目录树下的所有内容复制到另一个目标目录中，输出源目录和目标目录下的所有文件信息。

8.1.1　知识点 1：文件

1．概念

文件是操作系统管理数据的基本单位，文件一般是指存储在外部存储介质（如磁盘）上有名字的一系列相关数据（如文档、图片、音频、视频、程序等）的集合。它是程序对数据进行读写操作的基本对象。

在 Python 语言中，把输入/输出设备也看作文件。例如，在 sys 模块中，定义了 3 个标准文件 sys.stdin（标准输入设备/文件）、sys.stdout（标准输出设备/文件）和 sys.stderr（标准错误文件）。

2．三要素

文件一般包括文件路径、文件名和后缀等三个要素。

3．文件标识

以 Windows 操作系统为例，文件标识主要由文件路径、文件名主干和文件扩展名（后缀）等组成。

【示例 1】在计算机 D 盘，创建文件夹 Project_8 及其子文件夹 task1，在 task1 下创建文件 data.txt，如图 8-1 所示。

图 8-1　创建文件

如何在 Python 中表示该文件的标识呢？

Python 中通常有三种文件标识的格式。

格式一：使用原生串（推荐方式）

【注意】Python 中通常在表示文件标识的字符串前加 r 或 R，表示原始字符串（原生串），以避免对路径中包含的'\t'、'\b'、'\n'等进行转义。

如：r"D:\Project_8\task1\data.txt"

其中，r"D:\Project_8\task1\"为文件路径，data 为文件名称，.txt 为文件扩展名即后缀。

格式二：使用'/'作为路径分隔符

如"D:/Project_8/task1/data1.txt"

格式三：使用'\\'作为路径分隔符

如"D:\\Project_8\\task1\\data2.txt"

【常见错误】若直接把"D:\Project_8\task1\data.txt"当作 Python 中的文件标识，则解析器会把\与 task1 的首字母 t 的组合解析成转义字符\t（水平制表）而非目录，故解析路径错误。

4．绝对路径与相对路径

文件所在路径通常包括绝对路径和相对路径，以 Windows 系统为例，把诸如

"D:\\task9\\file.doc" 中文件 file.doc 的路径"D:\\task9"称为"绝对路径"。即把以 C:或 D:等根目录（根路径）开始的路径称为"绝对路径"；相对路径是指相对于程序当前工作路径而言的，当前工作路径是可以修改指定的。例如"D:\Jupyter_WorkSpace\教材开发\任务式教程\文件"为程序当前路径，则该路径下文件 task1.ipynb 的相对路径可表示为".\task1.ipynb"（其中.表示当前目录）或者简写为"task1.ipynb"也表示当前路径下的文件 task1.ipynb。

【示例 2】".\f1.txt"和"f1.txt"均表示当前目录下的文件 f1.txt。

8.1.2 知识点 2：目录及文件操作

在操作系统中，文件和目录的呈现形式不同，但对计算机来说，目录也是一种文件。Python 中的内置 os 模块提供了对文件（目录）的操作函数。

1. 获取当前（工作）目录——os.getcwd()方法

getcwd 是 get current work directory（获取当前工作目录）的缩写。

【示例 1】查看当前计算机上 Python 的当前工作目录。

【参考代码】

```
import os
print(os.getcwd())
```

【运行结果】运行结果可能各不相同，与计算机运行环境有关，作者目前运行结果如图 8-2 所示。

```
In [1]:    1  import os
           2  print(os.getcwd())    #print输出呈现形式
D:\Jupyter_WorkSpace\教材开发\任务式教程\文件
```

图 8-2 当前工作目录（运行结果）

2. 判断目录是否存在——os.path.exists()方法

【原型】os.path.exists(path)

【功能描述】若传入的 path 存在，则返回 True，否则，返回 False。

3. 创建目录——os.mkdir()方法

mkdir 是 make directory（新建目录）的缩写。

【原型】os.mkdir(path, mode=0o777, *, dir_fd=None)

【功能描述】通过数字权限模式创建名为 path 的叶子（单级）目录，如果目录已经存在，则会抛出 FileExistsError 异常。如果路径中的父目录不存在，则会抛出 FileNotFoundError 异常。通常只需传入 path 参数。

【示例 2】如果 D 盘根目录下不存在 Python_test 目录，则创建该目录。

【参考代码】

```
import os
path = r'D:\Python_test'            #原生串表示目录（路径）
if not os.path.exists(path):        #如果 path 不存在，则执行创建操作
    os.mkdir(path)
```

4. 创建多级目录——os.makedirs()方法

【原型】os.makedirs(name, mode=0o777, exist_ok=False)

【功能描述】递归创建多级目录，若目录已存在，则创建时抛出异常。

【示例 3】在当前目录下创建 r'文件\任务 1\知识点 2'目录，并查看是否创建成功。

【参考代码】

```
import os
path = '文件\任务1\知识点1'        #待创建的多级目录
if not os.path.exists(path):      #如果该目录不存在
    os.makedirs(path)            #递归创建该多级目录
```

5. 删除非空目录——os.rmdir()方法

rmdir 是 remove directory（删除目录）的缩写。

【原型】os.rmdir(path, *, dir_fd=None)

【功能描述】删除某个存在的且为空（该目录下不存在文件或其他子目录）的目录路径。如果待删除目录不存在，则抛出 FileNotFoundError 异常。如果待删除目录非空，则抛出 OSError 异常。

如果想删除整个目录树，则使用 shutil.rmtree(path)。

【示例 4】如果 D 盘根目录下存在空目录 Python_test，则删除该目录。

【参考代码】

```
import os
path = r'D:\Python_test'
os.rmdir(path)
```

6. 删除目录树——shutil.rmtree()方法

【原型】Python 内置模块 shutil 下的 rmtree()函数为

shutil.rmtree(path, ignore_errors=False, onerror=None, *, dir_fd=None)

【功能描述】若 path 目录存在，则删除 path 整个目录树。

7. 复制目录树—shutil.copytree()方法

【原型】shutil.copytree（src，dst，symlinks=False，ignore=None，
copy_function=copy2，ignore_danging_symlinks=False，
dirs_exist_ok=False）

【功能描述】将以 src 为根的整个目录树复制到名为 dst 的目录中，并返回目标目录。默认情况下，还将创建包含 dst 所需的所有中间目录。

【注意】若目标目录 dst 已存在，则调用该函数时会抛出 FileExistsError 异常。

8. 更改当前目录——os.chdir()方法

chdir 是 change directory（更改当前工作目录）的缩写。

【原型】os.chdir(path)

【功能描述】将当前工作目录更改为指定路径。

9. 获取文件名列表——os.listdir()方法

【原型】os.listdir(path='.')

【功能描述】返回一个目录列表，其中包含按路径给定目录中的条目名称。

【示例 5】例如 D 盘 Python_test 目录的结构如图 8-3 所示，返回这些条目的具体名称。

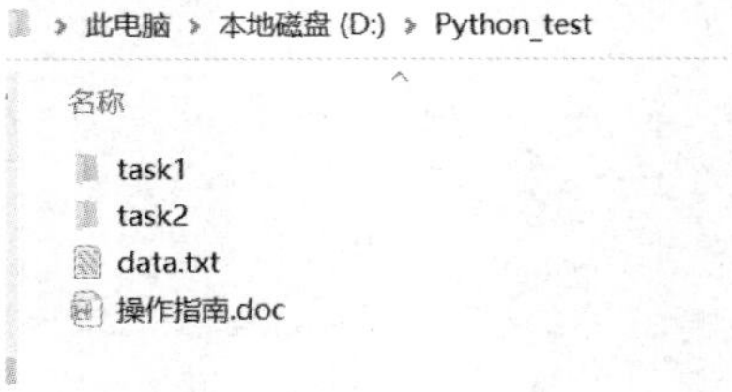

图 8-3　Python_test 目录的结构

【参考代码】

```
import os
path = r'D:\Python_test'
os.listdir(path)
```

【运行结果】

```
['data.txt', 'task1', 'task2', '操作指南.doc']
```

10. 重命名文件或文件夹——os.rename()方法

【原型】os.rename(src, dst, *, src_dir_fd=None, dst_dir_fd=None)

【功能】将文件或目录 src 重命名为 dst。如果存在 dst，则在许多情况下，操作将失败，抛出 OSError 异常。例如在 Windows 上，如果 dst 存在，则抛出 FileExistsError 异常。如果 src 和 dst 位于不同的文件系统上，则操作可能会失败。

【示例 6】修改上例 r'D:\Python_test'目录中已存在的文件名 data.txt 为 price.txt，并输出修改前后该目录下的条目信息。

【参考代码】

```
import os
path = r'D:\Python_test'      #文件路径
print(os.listdir(path))       #修改文件名前
print('-'*50)                 #分割线
src = path + r'\data.txt'     原文件标识
dst = path + r'\price.txt'    #新文件标识
os.rename(src,dst)
print(os.listdir(path))       #修改文件名后
```

【运行结果】

```
['data.txt', 'task1', 'task2', '操作指南.doc']
--------------------------------------------------
['price.txt', 'task1', 'task2', '操作指南.doc']
```

【注意】用 os.rename()不仅可以修改文件名，还可以修改文件夹名。

8.1.3　任务实施

【分析】本任务使用文件的高级特性模块 shutil 中的 copytree 函数复制目录树，并打印源目录和目标目录下所有条目信息。

定义输出目录中所有条目信息的函数 printItems，首先通过 os.path.exists(path)判断传入的目录是否存在，如果存在，则打印目录下的所有条目信息，若不存在，则输出相应的提示信息。

【参考代码】

```
def printItems(path):              #输出目录中的所有条目
    import os
    if os.path.exists(path):
        print('-'*50)
        print(f'[{path}]目录下条目:')
        print(os.listdir(path))
    else:
        print('该目录不存在')


if __name__ == '__main__':
    import os
    import shutil
    src = r'D:\Python_test'         #源目录，要求已存在
    dst = r'E:\任务1\知识点1'        #目标目录，要求不存在

    printItems(src)
    if not os.path.exists(dst):      #如果目标目录不存在
        shutil.copytree(src,dst)    #复制目录树
    printItems(dst)
```

【运行结果】本计算机的运行结果如下：

```
--------------------------------------------------
[D:\Python_test]目录下条目:
['price.txt', 'task2', 'task3', '操作指南.doc']
--------------------------------------------------
[E:\任务1\知识点1]目录下条目:
['price.txt', 'task2', 'task3', '操作指南.doc']
```

8.2　任务 2　录入学生信息——写入操作

任务目标

➢ 掌握文件的打开和关闭操作
➢ 能够实现文件写入操作

【任务描述】实现向文件中写入若干学生信息的功能。

8.2.1　知识点 1：文件打开和关闭

Python 中通常有两种文件操作格式，一种是 open 和 close，其通常配合使用，另一种是 with open as 结构。

1．方式一　open-close

● 打开文件 open

【原型】open(filename, mode, encoding=None)

【功能描述】打开文件，并返回文件对象。

【参数说明】

filename：文件名称。

mode：文件操作模式，常见的模式有 r（只读，默认）、w（只写入）、a（追加写入）等。

encoding：编码格式，为避免解码错误或出现乱码，可设为 utf-8 格式。

【示例 1】以写入的方式打开当前目录下的文件 data.txt，指定编码格式为 utf-8。

【参考代码】

```
f = open('data.txt', 'w', encoding='utf-8')
```

【说明】若当前目录下该文件不存在，则新建该名字的空文件，而不会抛出 FileNotFoundError 异常。

● 关闭文件 close

【原型】close()

【功能描述】通常与 open 函数配合使用，用于关闭打开的文件，释放系统资源。通过文件对象调用，调用格式为：fileObj.close()。

【示例 2】以默认方式打开当前目录下的文件 file.dat，并执行相应操作。

【参考代码 2】

```
f = open('file.dat')
#文件操作语句
f.close()      #操作完，需关闭文件释放系统资源
```

【说明】以默认只读 r 方式打开文件，若文件不存在，则抛出 FileNotFoundError 异常。

2．方式二　with open as 结构

【结构】

```
with open(filename, mode, encoding=None) as f:
    #文件操作
```

【说明】该结构无须显式调用 close 关闭文件，执行完该结构，文件将自动关闭并释放系统资源。

【示例 3】以只读的方式打开当前目录下的文件 sale.txt。

【参考代码】

```
with open('sale.txt','r') as f:
    pass
```

8.2.2　知识点 2：常见文件打开模式

Python 中文件的常见打开模式如表 8-1 所示。

表 8-1　文件的常见打开模式

打 开 模 式	可 做 操 作	文 件 类 型	文 件 不 存 在	写 入 方 式
r	只读	文本	抛出异常	——
r+	可读、可写	文本	抛出异常	覆盖写入
rb	只读	二进制	抛出异常	——
rb+	可读、可写	二进制	抛出异常	覆盖写入
w	只写（覆盖）	文本	创建文件写入	覆盖写入
w+	可读、可写（覆盖）	文本	创建文件写入	覆盖写入
wb	只写（覆盖）	二进制	创建文件写入	覆盖写入
wb+	可读、可写（覆盖）	二进制	创建文件写入	覆盖写入
a	追加写入	文本	创建文件写入	结尾，追加写入
a+	可读、可写	文本	创建文件写入	结尾，追加写入
ab	追加写入	二进制	创建文件写入	结尾，追加写入
ab+	可读、可写	二进制	创建文件写入	结尾，追加写入

【描述示例】a：以追加写入的方式打开文件，若文件存在，则向文件尾部追加写入信息；否则，新建文件。

8.2.3　知识点 3：文件写入方法

1．write()方法

【原型】write(text, /)

【功能描述】把字符串写入文件，返回写入字符串的长度。

【参数说明】text 为待写入字符串；/表示其之前的参数在调用时必须用位置参数而不能用关键字参数。

【调用格式】f.write(text)，其中 f 为文件对象，调用示例如下：

```
f = open('test.txt','w',encoding='utf-8')
print(f.write('I am Li Lei\n'))
f.close()
```

运行上述代码输出 12，表示写入字符串的长度。

【错误调用示例】实参只能是字符串，不能为字符串序列。

```
ls = ['Hello','world.']
f = open('test.txt','w',encoding='utf-8')
print(f.write(ls))
f.close()
```

以上代码运行报错信息如下：

```
TypeError: write() argument must be str, not list
```

【示例 1】把若干数据写入到当前目录下的 test.txt 中。

【参考代码】

```
with open('test.txt','w',encoding='utf-8') as f:
    f.write('Hello,world.\n')   #加换行符
    f.write('I am Li Lei\n')
    f.write('人生苦短，我用 Python！')
```

【运行结果】文件 test.txt 的内容如图 8-4 所示。

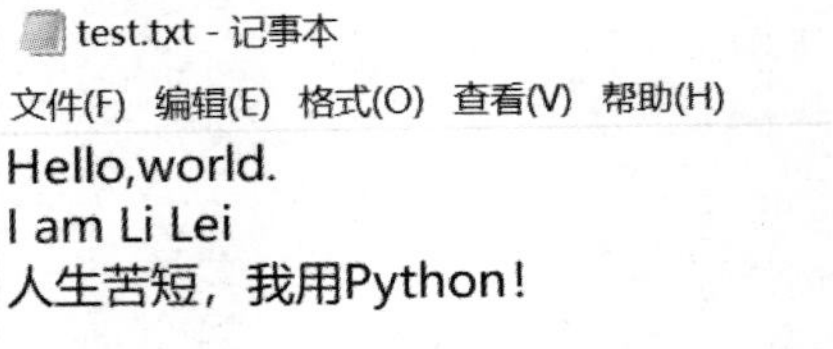

```
test.txt - 记事本
文件(F)  编辑(E)  格式(O)  查看(V)  帮助(H)
Hello,world.
I am Li Lei
人生苦短，我用Python！
```

图 8-4　文件 test.txt 的内容（1）

2．writelines()方法

【原型】writelines(lines, /)

【功能描述】向文件中写入多行文本。

【参数说明】lines 为待写入的内容，可以是字符串或者字符串序列；/表示其之前的参数在调用时必须用位置参数而不能用关键字参数。

【调用格式】f.writelines(lines)，其中 f 为文件对象，调用示例如下：

```
with open('file.txt','w',encoding='utf-8') as f:
    f.writelines("Hello World.")       #不自带换行
    f.writelines("I love Python.\n")
    f.writelines('一起加油！')
```

执行上述代码后，当前目录下 file.txt 文件的内容如图 8-5 所示。

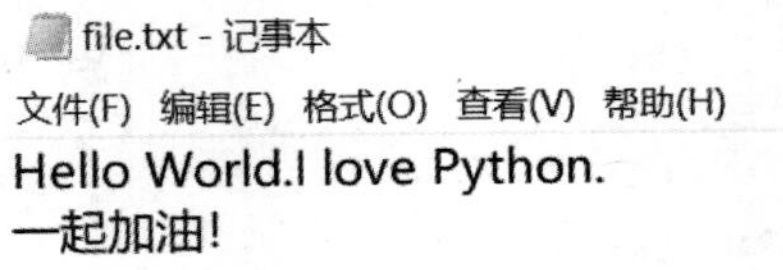

```
file.txt - 记事本
文件(F)  编辑(E)  格式(O)  查看(V)  帮助(H)
Hello World.I love Python.
一起加油！
```

图 8-5　file.txt 文件的内容（2）

【示例 2】阅读以下程序，分析写入文件的内容及格式。

【参考代码】

```
ls = ['May I have your name?\n','I am Li Lei','2023 年']
with open('file.txt','w',encoding='utf-8') as f:
    f.writelines(ls)
```

【分析】列表 ls 中存储的是待写入文件的字符串列表，writelines 每写入一个串后并不会自动加换行符，故如需换行，要主动添加\n。

【运行结果】文件 file.txt 的内容如图 8-6 所示。

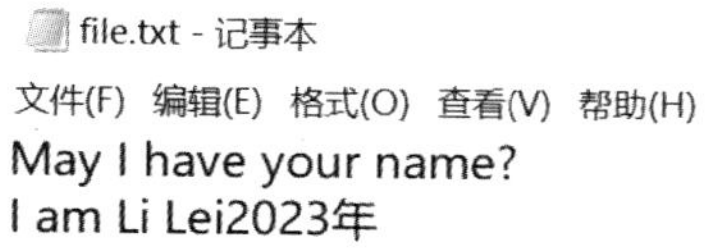

file.txt - 记事本

文件(F)　编辑(E)　格式(O)　查看(V)　帮助(H)

May I have your name?
I am Li Lei2023年

图 8-6　file.txt 文件的内容（3）

8.2.4　任务实施

【分析】

根据任务要求，输入学生的姓名、学号、成绩等信息，每个学生的相关信息占一行。使用 write 方法每次写入一条学生信息。

函数 add 调用 write 方法以"追加"的方式把输入的每个学生的相关信息写入到文件中的一行中，并换行。

函数 main 提示操作选择，并调用相应的操作函数。

【参考代码】

```python
#添加学生信息
def add(path):
    print('-'*45)
    with open(path,'a',encoding='utf-8') as f:
        name = input('姓名：')
        no = input('学号：')
        sc = input('成绩：')
        print('-'*45)
        f.write(name+' ')
        f.write(no+' ')
        f.write(sc+'\n')


#主函数菜单
def main():
    while True:
        op = input('选择操作（1:添加,2:删除,3:修改,4:查询,5:退出）:')
        if op == '5':      #退出
            break
        elif op == '1':    #添加学生
            add(path)
        elif op == '2':    #删除学生
            pass
        elif op == '3':    #修改学生
            pass
```

```
        elif op == '4':    #查询学生
            pass
        else:               #不支持的操作
            print('不支持的操作！')


if __name__ == "__main__":
    import os
    d = r'D:\Python_Project'
    if not os.path.exists(d):    #如果 d 不存在，创建该目录
        os.mkdir(d)
    path = d + r'\file.txt'      #构建文件路径
    main()
```

【输入信息】

```
选择操作（1:添加,2:删除,3:修改,4:查询,5:退出）:1
------------------------------------------------
姓名：张三
学号：202301
成绩：88
------------------------------------------------
选择操作（1:添加,2:删除,3:修改,4:查询,5:退出）:1
------------------------------------------------
姓名：李四
学号：202302
成绩：95
------------------------------------------------
选择操作（1:添加,2:删除,3:修改,4:查询,5:退出）:1
------------------------------------------------
姓名：王五
学号：202303
成绩：79
------------------------------------------------
选择操作（1:添加,2:删除,3:修改,4:查询,5:退出）:5
```

【运行结果】文件 file.txt 的内容如图 8-7 所示。

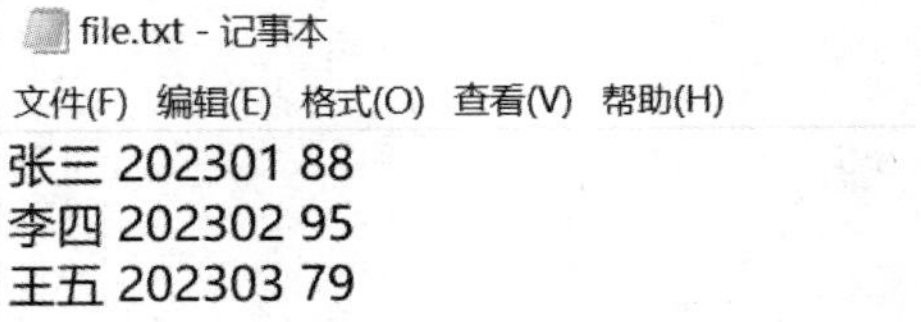

file.txt - 记事本

文件(F) 编辑(E) 格式(O) 查看(V) 帮助(H)

张三 202301 88
李四 202302 95
王五 202303 79

图 8-7　file.txt 文件的内容（4）

8.3   任务 3 读取学生信息——读取操作

任务目标

➢ 掌握文件的打开和关闭操作
➢ 能够实现文件读取操作

【任务描述】从文件中读取相关学生信息并输出。

8.3.1   知识点：文件读取方法

1. read(size)方法

【调用格式】f.read(size)，其中 f 为文件对象。

【功能描述】读取一定数量的数据，并将其作为字符串（在文本模式下）或字节对象（在二进制模式下）返回。

size 为可选参数，当 size 被省略或为负值时，读取并返回文件的全部内容；否则，最多读取和返回长度为 size 的字符串（在文本模式下）或长度为 size 字节（在二进制模式下）的字符串。如果已经到达文件的末尾，则 f.read()将返回一个空字符串（""）。

2. readline()方法

【功能描述】从文件中读取一行内容；换行符（\n）留在该行字符串的末尾，只有在文件没有以换行符结尾的情况下，才会在文件的最后一行省略。如果 f.readline()返回一个空字符串，则表示已到达文件的末尾；而空行由"\n"表示，该字符串只包含一个换行符。

【示例 1】使用 readline 读取并输出 D:\Data\data.txt 文件中的信息，如图 8-8 所示。

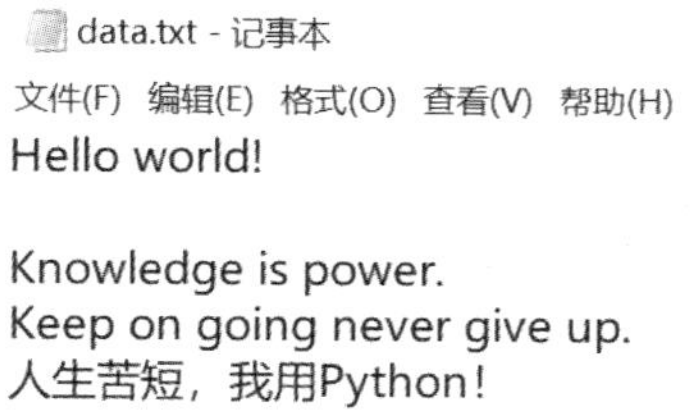

data.txt - 记事本
文件(F) 编辑(E) 格式(O) 查看(V) 帮助(H)
Hello world!

Knowledge is power.
Keep on going never give up.
人生苦短，我用Python!

图 8-8   data.txt 文件中的信息

【分析】readline 每读取一行内容换行符\n 会保留在读取的字符串后。例如，读取文件第一行内容返回字符串'Hello,world!\n'，调用 print 函数直接输出，将会多出一个空行，为了去除每行字符串后的换行符，可使用 rstrip 函数删除字符串末尾的指定字符（包括空格、换行符、回车符、制表符等），默认为空白符。类似的函数还有 strip（删除字符串开头和结尾的空白符）、lstrip（删除字符串开头的空白符）等。

使用 with-open-as 结构打开文件，该结构可不显式调用 close 函数关闭文件；首先调用 readline 读取一行数据，通过函数 len 判断该行字符串长度是否为 0，判断当前读取位置是否到达文件尾部。当未到达文件尾部时，使用 rstrip 函数删除读取内容的行尾换行符，并输出。因含有中文，编码方式设为 utf-8，否则可能解码出错。

【参考代码 1】

```
with open(r'D:\Data\data.txt','r',encoding='utf-8') as f:
    line = f.readline()        #读取该行字符串，包含行尾的换行符\n
    while len(line) != 0:      #判断读指针是否到达文件尾部位置
        print(line.rstrip())   #删除该行对应字符串中包含行尾的换行符\n
        line = f.readline()
```

【参考代码 2】

```
with open(r'D:\Data\data.txt','r',encoding='utf-8') as f:
    while True:
        line = f.readline()
        if len(line) == 0:     #读取位置到达文件尾部
            break              #退出循环，结束读操作
        print(line.rstrip())
```

【运行结果】

```
Hello world!

Knowledge is power.
Keep on going never give up.
人生苦短，我用 Python!
```

● readlines()方法

【原型】readlines(hint=-1, /)

【功能描述】默认一次性读取并返回文件中所有行的字符串列表。其中列表中的每个元素代表文件的一行对应字符串。

【参数说明】

readlines(-1)或 readlines(0)表示读取文件的所有行，如果文件总字节数是 hint 值的整数倍，则返回读取行数等于总字节数/hint；否则，返回读取行数等于总字节数/hint 的整数值+1。

【示例 2】使用 readlines 读取并输出 D:\Data\data.txt 文件中的信息，如图 8-8 所示。

【分析】fileObj.readlines()返回所有行的字符串列表。

```
with open(r'D:\Data\data.txt','r',encoding='utf-8') as f:
print(f.readlines())    #返回字符串列表
```

执行上述代码，输出字符串列表，除最后一行外都包含行结尾的换行符\n，空行只含换行符，即'\n'，对应输出如下：

```
['Hello world!\n', '\n', 'Knowledge is power.\n', 'Keep on going never give
up.\n', '人生苦短，我用 Python!']
```

【参考代码】

```
with open(r'D:\Data\data.txt','r',encoding='utf-8') as f:
```

```
    for line in f.readlines():  #遍历列表中的字符串（行）
        print(line.rstrip())
```

【运行结果】

```
Hello world!


Knowledge is power.
Keep on going never give up.
人生苦短，我用 Python！
```

8.3.2　任务实施

【分析】

定义显示学生信息的函数 show，使用 readlines 方法一次性从文件中读取所有行，然后循环遍历每行字符串（每个学生的姓名、学号和成绩等项信息）。使用 split 函数按空格分割每行信息，即每个学生的姓名、学号和成绩等信息并输出。

【参考代码】

```
#添加学生信息
def add(path):
    print('-'*45)
    with open(path,'a',encoding='utf-8') as f:
        name = input('姓名：')
        no = input('学号：')
        sc = input('成绩：')
        print('-'*45)
        f.write(name+' ')
        f.write(no+' ')
        f.write(sc+'\n')


#查询显示学生信息
def show(path):
    print('-'*45)
    print('Name','No','Score',sep='\t',end='\n')
    with open(path,'r',encoding='utf-8') as f:
        lines = f.readlines()       #读取所有行
        for line in lines:
            s = line.split()        #按空格拆分每行学生信息的姓名、学号和成绩
            name = s[0]             #姓名
            no = s[1]              #学号
            sc = s[2]              #成绩
            print(name,no,sc,sep='\t',end='\n')
print('-'*45)


#主函数菜单
```

```
def main():
    while True:
        op = input('选择操作（1:添加,2:删除,3:修改,4:查询,5:退出）:')
        if op == '5':      #退出
            break
        elif op == '1':    #添加学生
            add(path)
        elif op == '2':    #删除学生
            pass
        elif op == '3':    #修改学生
            pass
        elif op == '4':    #查询学生
            show(path)
        else:               #不支持的操作
            print('不支持的操作！')


#测试
if __name__ == "__main__":
    import os
    d = r'D:\Python_Project'
    if not os.path.exists(d):      #如果 d 不存在，创建该目录
        os.mkdir(d)
    path = d + r'\file.txt'        #构建文件路径
    main()
```

【文件内容】file.txt 文件中已有内容如图 8-9 所示。

```
file.txt - 记事本
文件(F)  编辑(E)  格式(O)  查看(V)  帮助(H)
张三 202301 88
李四 202302 95
王五 202303 79
```

图 8-9　file.txt 文件中已有内容

【运行结果】

```
选择操作（1:添加,2:删除,3:修改,4:查询,5:退出）:4
-----------------------------------------------
Name    No   Score
张三 202301  88
李四 202302  95
王五 202303  79
-----------------------------------------------
选择操作（1:添加,2:删除,3:修改,4:查询,5:退出）:1
-----------------------------------------------
姓名: 赵六
学号: 202304
```

```
成绩: 67
---------------------------------------------
选择操作（1:添加,2:删除,3:修改,4:查询,5:退出）:4
---------------------------------------------

Name    No  Score
张三 202301  88
李四 202302  95
王五 202303  79
赵六 202304  67
---------------------------------------------
选择操作（1:添加,2:删除,3:修改,4:查询,5:退出）:5
```

8.4　项目实现

【参考代码】

```python
#添加联系人信息
def add():
    global path
    print('-'*45)
    with open(path,'a',encoding='utf-8') as f:
        name = input('姓名：')
        tel = input('电话：')
        sex = input('性别：')
        desc = input('描述：')
        print('-'*45)
        f.write(name+' ')
        f.write(tel+' ')
        f.write(sex+' ')
        f.write(desc+'\n')


#查询显示
def show():
    global path
    import os
    print('-'*45)
    print('Name','Tel','\tSex','Desc',sep='\t',end='\n')
    with open(path,'r',encoding='utf-8') as f:
        lines = f.readlines()      #一次性读取所有行
        for line in lines:
            if len(line.strip()) != 0:
                s = line.split()      #按空格拆分每位联系人的相关信息
                name = s[0]           #姓名
                tel = s[1]            #电话
                sex = s[2]            #性别
```

```
            desc = s[3]           #描述
            print(name,tel,sex,desc,sep='\t',end='\n')
    print('-'*45)

#查询联系人
def find():
    global path
    print('-'*45)
    name = input('联系人姓名：')
    with open(path,'r',encoding='utf-8') as f:
        lines = f.readlines()     #一次性读取所有行
        result = []
        for line in lines:
            if name in line:
                result.append(line)
        if len(result) != 0:
            print('Name','Tel','\tSex','Desc',sep='\t',end='\n')
            for contact in result:
                s = contact.split()     #按空格拆分每位联系人的相关信息
                name = s[0]             #姓名
                tel = s[1]              #电话
                sex = s[2]              #性别
                desc = s[3]             #描述
                print(name,tel,sex,desc,sep='\t',end='\n')
        else:
            print('未查到！')
    print('-'*45)

#查询联系人
def delete():
    global path
    print('-'*45)
    name = input('联系人姓名：')
    ls_keep = []
    ls_del = []
    with open(path,'r',encoding='utf-8') as f:
        lines = f.readlines() #一次性读取所有行
        for line in lines:
            if name in line:
                ls_del.append(line)
            else:
                ls_keep.append(line)
    if 0 == len(ls_del):
        print('不存在该联系人!')
    else:
```

```
        with open(path,'w',encoding='utf-8') as f:
            f.writelines(ls_keep)
    print('-'*45)


#修改联系人
def modify():
    global path
    print('-'*45)
    name = input('联系人姓名：')
    ls_keep = []
    with open(path,'r',encoding='utf-8') as f:
        lines = f.readlines() #一次性读取所有行
        for line in lines:
            if name not in line:
                ls_keep.append(line)
            else:
                print('-'*45)
                print('修改前：')
                print('Name','Tel','\tSex','Desc',sep='\t',end='\n')
                s = line.split()    #按空格拆分每位联系人的相关信息
                name = s[0]        #姓名
                tel = s[1]         #电话
                sex = s[2]         #性别
                desc = s[3]        #描述
                print(name,tel,sex,desc,sep='\t',end='\n')
                print('-'*45)
                op = input('修改项（1:姓名,2:电话,3:性别,4:描述,5:多项）:')
                if op == '1':      #修改姓名
                    name = input('姓名：')
                elif op == '2':    #修改电话
                    tel = input('电话：')
                elif op == '3':    #修改性别
                    sex = input('性别：')
                elif op == '4':    #修改描述
                    desc = input('描述：')
                elif op == '5':    #修改多项
                    name = input('姓名：')
                    tel = input('电话：')
                    sex = input('性别：')
                    desc = input('描述：')
                s = name + ' ' + tel + ' ' + sex + ' ' + desc + '\n'
                print('-'*45)
                print('修改后：')
                print('Name','Tel','\tSex','Desc',sep='\t',end='\n')
                print(name,tel,sex,desc,sep='\t',end='\n')
```

```
            print('-'*45)
            ls_keep.append(s)
    with open(path,'w',encoding='utf-8') as f:
        f.writelines(ls_keep)


#主函数菜单
def main():
    while True:
        op = input('选择操作（1:添加,2:查询,3:删除,4:修改,5:显示所有,6:退出）:')
        if op == '6':        #退出
            break
        elif op == '1':    添加联系人
            add()
        elif op == '2':    #查询联系人
            find()
        elif op == '3':    #删除联系人
            delete()
        elif op == '4':    #修改信息
            modify()
        elif op == '5':    #显示所有联系人
            show()
        else:                    #不支持的操作
            print('不支持的操作！')
#测试
if __name__ == "__main__":
    import os
    d = r'D:\Python_Project\AddressBook'
    if not os.path.exists(d):        #如果d不存在，创建该目录
        os.mkdir(d)
    path = d + r'\info.txt'        #构建文件路径
    main()
```

【运行结果 1】添加操作

```
选择操作（1:添加,2:查询,3:删除,4:修改,5:显示所有,6:退出）:1
---------------------------------------------
姓名：张三
电话：18512340001
性别：男
描述：1班班长
---------------------------------------------
选择操作（1:添加,2:查询,3:删除,4:修改,5:显示所有,6:退出）:1
---------------------------------------------
姓名：李四
电话：18512340002
```

性别：男
描述：2 班学委

选择操作（1：添加,2：查询,3：删除,4：修改,5：显示所有,6：退出）：1

姓名：王五
电话：18512340003
性别：男
描述：辅导员

选择操作（1：添加,2：查询,3：删除,4：修改,5：显示所有,6：退出）：1

姓名：赵六
电话：18512340004
性别：男
描述：Python 教师

选择操作（1：添加,2：查询,3：删除,4：修改,5：显示所有,6：退出）：5

Name　　Tel　　　Sex Desc
张三 18512340001　男　　1 班班长
李四 18512340002　男　　2 班学委
王五 18512340003　男　　辅导员
赵六 18512340004　男　　Python 教师

选择操作（1：添加,2：查询,3：删除,4：修改,5：显示所有,6：退出）：6

【运行结果 2】查询操作

选择操作（1：添加,2：查询,3：删除,4：修改,5：显示所有,6：退出）：5

Name　　Tel　　　Sex Desc
张三 18512340001　男　　1 班班长
李四 18512340002　男　　2 班学委
王五 18512340003　男　　辅导员
赵六 18512340004　男　　Python 教师

选择操作（1：添加,2：查询,3：删除,4：修改,5：显示所有,6：退出）：2

联系人姓名：王五
Name　　Tel　　　Sex Desc
王五 18512340003　男　　辅导员

选择操作（1：添加,2：查询,3：删除,4：修改,5：显示所有,6：退出）：2

联系人姓名：张良
未查到！

选择操作（1：添加,2：查询,3：删除,4：修改,5：显示所有,6：退出）：6

【运行结果 3】删除操作

选择操作（1：添加,2：查询,3：删除,4：修改,5：显示所有,6：退出）：5

Name   Tel   Sex Desc
张三 18512340001 男   1 班班长
李四 18512340002 男   2 班学委
王五 18512340003 男   辅导员
赵六 18512340004 男   Python 教师

选择操作（1：添加,2：查询,3：删除,4：修改,5：显示所有,6：退出）：3

联系人姓名：李四

选择操作（1：添加,2：查询,3：删除,4：修改,5：显示所有,6：退出）：5

Name   Tel   Sex Desc
张三 18512340001 男   1 班班长
王五 18512340003 男   辅导员
赵六 18512340004 男   Python 教师

选择操作（1：添加,2：查询,3：删除,4：修改,5：显示所有,6：退出）：6

【运行结果 4】修改操作

选择操作（1：添加,2：查询,3：删除,4：修改,5：显示所有,6：退出）：5

Name   Tel   Sex Desc
张三 18512340001 男   1 班班长
王五 18512340003 男   辅导员
赵六 18512340004 男   Python 教师

选择操作（1：添加,2：查询,3：删除,4：修改,5：显示所有,6：退出）：4

联系人姓名：王五

修改前：
Name   Tel   Sex Desc
王五 18512340003 男   辅导员

修改项（1：姓名,2：电话,3：性别,4：描述,5：多项）：4

```
描述：班主任
--------------------------------------------------
修改后：
Name    Tel       Sex Desc
王五 18512340003 男    班主任
--------------------------------------------------
选择操作（1:添加,2:查询,3:删除,4:修改,5:显示所有,6:退出）:5
--------------------------------------------------
Name    Tel       Sex Desc
张三 18512340001 男    1 班班长
王五 18512340003 男    班主任
赵六 18512340004 男    Python 教师
--------------------------------------------------
选择操作（1:添加,2:查询,3:删除,4:修改,5:显示所有,6:退出）:6
```

8.5　项目小结

本项目主要介绍了文件的基本概念和常见操作。

主要知识点梳理如表 8-2 所示。

表 8-2　主要知识点梳理

知 识 点	示　　例	说　　明
目录管理	获取当前目录：os.getcwd()方法 import os os.getcwd()	
	判断目录是否存在：os.path.exists()方法	返回 True 或 False
	创建目录：os.mkdir()方法 import os path = r'D:\Python_test' if not os.path.exists(path): 　　os.mkdir(path)	若目录已存在则会抛出异常，故使用 os.path.exists(path)先行判断再创建
	创建多级目录：os.makedirs()方法	创建多级目录，若目录已存在，则创建时抛出异常
	删除非空目录：os.rmdir()方法	
	删除目录树：shutil.rmtree()方法 shutil.rmtree(path)	
	复制目录树：shutil.copytree()方法 shutil.copytree(src, dst)	将 src 目录树复制到 dst 目录中，若 dst 已存在，则抛出 FileExistsError 异常
	更改当前目录：os.chdir()方法	
	获取文件名列表：os.listdir()方法 os.listdir(path='.')	返回一个列表，其中包含指定目录中的条目名称
	重命名文件（夹）：os.rename()方法	

知 识 点	示　　例	说　　明

文件打开与
关闭
	f = open(file,mode,encoding=None)
	#文件操作
	f.close()
		mode: 打开模式
		二进制模式: b, 如'rb'
		encoding 通常设为'utf-8'

文件打开 模式	默认文本模式，二进制模式加 b 单一模式: 只读（'r'），覆盖写（'w'），追加写（'a'） 读写模式: 'r+'、'w+'、'a+' 二进制模式: 加 b，如'rb+'	不支持'rw'、'ra'等模式
with open() as 操作文件	with open('f.txt','w',encoding='utf-8') as f: 　　f.write('Hello,world.\n')	使用该结构无须再显式调用 close 函数 关闭文件
常见写操作	文件写入内容: f.write(text)方法 with open('f.txt','w',encoding='utf-8') as f: 　　f.write('Hello,world.\n')	其中 f 为文件对象, text 为待写入字符串
常见写操作	文件写入多行内容: writelines(lines)方法 ls = ['Hello','Python'] with open('file.txt','w',encoding='utf-8') as f: 　　f.writelines(ls)	lines 为待写入的内容，可以是字符串或 者字符串序列
常见读操作	文件读取: read(size)方法 f.read(size), 其中 f 为文件对象, size 为可选参数	当 size 省略或为负数，将读取文件全部 内容; 否则，最多读取长度为 size 的字符 串（文本模式）或长度为 size 字节（二进 制模式）的字符串。到达文件末尾，返回 空字符串
常见读操作	文件读取一行: readline()方法 with open('f.txt','r',encoding='utf-8')　as f: 　　line = f.readline() #包含换行符	读取一行，包含行尾的换行符\n。如果 f.readline()返回空字符串，则表示已到达 文件末尾; 而空行由"\n"表示，该字符 串只包含一个换行符

常见读操作	读取文件所有内容: readlines(hint=-1, /)方法
	【功能描述】
	with open('f.txt','r',encoding='utf-8')　as f:
	　　for line in f.readlines():
	　　#遍历列表中的字符串（行）
	　　　　print(line)
		默认一次性读取并返回包含文件中所
		有行的字符串列表。其中列表中的每个元
		素为文件中的每一行对应字符串。
		　　读取并返回文件的行数: readlines(-1)
		或 readlines(0)表示读取所有行; 如果文件
		总字节数是 hint 的整数倍，则返回的行数
		等于总字节数/hint; 否则，返回行数等于
		总字节数/hint 的整数值+1

习题 8

理论知识

一、填空

1．Python 中打开和关闭文件的方法分别为_____、_____。

2．Python 的 os 模块中返回某目录下所有文件列表的方法是＿＿＿＿＿＿。

3．Python 的 os 模块中创建目录的方法是＿＿＿＿＿＿。

4．追加写入的文件打开模式是＿＿＿＿＿＿。

5．＿＿＿＿＿＿方法默认一次性读取并返回文件中所有行的字符串列表。

二、判断

1．文件默认打开模式是只读'r'。（　　　　）

2．以'w'模式打开文件，若文件不存在，将抛出 FileNotFoundError 异常。（　　　　）

3．使用 with-open-as 结构操作文件，可以不显式调用 close 函数关闭文件。（　　　　）

4．用 read 方法可以读取任意字节的数据。（　　　　）

5．用 readline 方法读取返回一行数据对应的字符串，不包含行尾换行符。（　　　　）

6．用 writelines 方法可写入字符串、数值等常见类型的数据。（　　　　）

三、选择题

1．下列方法中，获取当前工作目录的是（　　　　）。

　　A．mkdir　　　　　　B．chmod　　　　　　C．getcwd　　　　　　D．mkdirs

2．若文件不存在，以下打开方式会抛出异常的是（　　　　）。

　　A．'r'　　　　　　　B．'w'　　　　　　　C．'w+'　　　　　　D．'a+'

3．以下选项中，不是 Python 文件打开模式的是（　　　　）。

　　A．'rb'　　　　　　　B．'w+'　　　　　　C．'a'　　　　　　　D．'rw'

4．若当前目录下 f.txt 文件中存储的内容如图 8-10 所示。

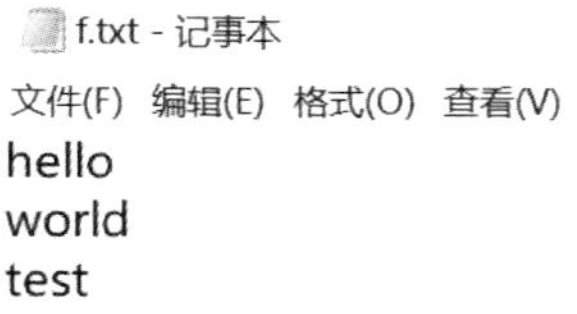

图 8-10　f.txt 文件中存储的内容

有以下代码：

```
with open('f.txt','r',encoding='utf-8') as f:
    lines = f.readlines()
    print(lines)
```

则执行上述代码，其输出结果是（　　　　）。

　　A．['hello', 'world', 'test\n']　　　　　　　B．['hello\n', 'world\n', 'test\n']

　　C．'hello', 'world', 'test\n'　　　　　　　　D．('hello\nworld\ntest\n')

四、简答题

1．简述常见的文件分类。

2．简述文件打开的常见模式的功能及注意事项。

3．简述文本文件和二进制文件的区别。

4．简述 write(text, /)、writelines(lines, /)两个文件写入方法的参数及功能区别。

5．简述 read(size)、readline()及 readlines(hint=-1, /)三个文件读取方法的参数及功能区别。

上机实践

1．使用函数判断某目录是否存在，若存在则提示"该目录已存在"；否则，创建该目录。从键盘输入一字符串，写入该目录下的文件 f.txt 中。并查看该文件中内容。

2．读取文件，输出该文件中所有以#开头的行。

提示：用 str.startswith()判断字符串是否以指定字符串开头，若是则返回 True，否则返回 False。例如：'Hello'.startswith('H') #返回 True。

拓展：用 str.endswith()判断字符串是否以指定字符串结尾。

3．把一个目录下的文件 f1.txt 中的内容复制到另外一个目录下的文件 f2.txt 中，并把 f2.txt 文件中的内容输出。

4．编程设计简易学生管理系统，采用文件存储数据，能够实现学生信息（姓名、学号、班级、性别、成绩、联系方式等）的增删改查及成绩排序等功能。

第二篇　数据分析处理篇

项目 9　鸢尾花数据集分析——numpy

项目目标

● 知识目标

本项目将理解 numpy 在科学计算中的优势，掌握 numpy 数组及对数组的常见操作函数，掌握使用 numpy 进行数据读写及数据分析处理的相关方法。

● 技能目标

具有灵活操作 numpy 数组，并能够对文件进行读写和简单数据分析的能力，能够使用 numpy 表达较复杂的数学公式。

● 素养目标

在处理大量烦琐事务时，选择很重要，要注重效率的提升。

项目描述

下载鸢尾花数据集，并对其进行分析，统计缺失值及相关特征，筛选符合条件的相关样本。

鸢尾花（Iris）数据集是常用的分类实验数据集，包含 150 个数据样本，分为 3 类，每类 50 个数据，每个数据包含花萼长度（Sepal.Length）、花萼宽度（Sepal.Width）、花瓣长度（Petal.Length）和花瓣宽度（Petal.Width）等 4 个特征。通过这 4 个特征预测鸢尾花属于 Iris Setosa（山鸢尾）、Iris Versicolour（杂色鸢尾）、Iris Virginica（维吉尼亚鸢尾）中的哪一种。

任务列表

任 务 名 称	任 务 描 述
任务 1 numpy 概览——常见数组操作	创建 numpy 数组并会使用 numpy 相关属性和函数
任务 2 读取文件——loadtxt 函数	从指定文件中读取加载数据
任务 3 写入文件——savetxt 函数	把数据保存到文件中
任务 4 实现数学公式——数学与统计函数	能够使用 numpy 数学和统计函数实现较复杂数学公式

9.1 任务 1 numpy 概览——常见数组操作

任务目标

➢ 了解并安装 numpy
➢ 创建 numpy 数组并掌握常见属性和操作函数

【任务描述】介绍使用 numpy 创建各种数组的方法,掌握 numpy 数组属性和常见操作函数。

9.1.1 知识点 1:numpy 介绍

1.概念

numpy（Numerical Python）是开源的 Python 科学计算库，使用 numpy 可高效地处理数组和矩阵，并提供了大量的数学和统计函数。同时，numpy 也是学习 pandas、机器学习和深度学习的重要基础。

2.安装

pip install numpy

9.1.2 知识点 2:创建 numpy 数组——array 函数

1.array 函数

【定义格式】

array(object, dtype=None, *, copy=True,
order='K', subok=False, ndmin=0,like=None)

【参数说明】

object：必选参数，可为数组、任何暴露数组接口的对象、其__array_方法返回数组的对象或任何（嵌套的）序列。如果对象是标量，则返回 0 维数组对象。

dtype：可选参数，数组所需的数据类型。如果未给定，则类型将被确定为保持序列中对象所需的最小类型。

copy：可选参数，bool 型。如果为 True（默认值），则复制对象。否则，只有在以下 3 种情况下才会返回一个副本：①__array__返回一个副本；②如果 obj 是嵌套序列；③如果需要一个副本来满足任何其他要求（“dtype”、“order”等）。

order：{'K', 'A', 'C', 'F'}，可选指定数组的内存布局。如果对象不是数组，则除非指定了'F'，否则新创建的数组将按 C 顺序（行主）存储，默认它将按 Fortran 顺序（列主）存储。如果对象是数组，则当'copy=False'和出于其他原因进行复制时，结果与'copy=True'相同，但'a'除外。默认顺序为'K'。

subok：可选参数，bool 型。如果为 True，则将传递子类，否则返回的数组将强制为父类数组（默认值）。

ndmin：可选参数，int 型，指定结果数组应具有的最小维度数。

like：可选参数，array_like，允许创建非 NumPy 数组的数组。

2. 应用举例

本部分将介绍使用 numpy 模块中的 array 函数创建一维、二维 numpy 数组，并使用 ndim（维度）、shape（形状）、size（数组大小或元素个数）、dtype（元素类型）和 itemsize（每个元素的大小）等 numpy 数组属性进一步了解 numpy 数组。

（1）创建 numpy 一维数组

【示例 1】通过一维列表或元组创建一维 numpy 数组。

【参考代码】

```
import numpy as np
a = np.array([1,2,3,4,5])   #传入列表或元组(1,2,3,4,5)
print(a)
print(type(a))   #打印数组类型
print(a.ndim)    #属性 ndim 返回 numpy 数组维度对应整数值，一维数组返回 1
```

【运行结果】

```
[1 2 3 4 5]
<class 'numpy.ndarray'>
1
```

【说明】array 函数返回的数组为 numpy 的 ndarray 类型。

（2）创建 numpy 二维数组

【示例 2】通过二维列表或元组创建二维 numpy 数组。

【参考代码】

```
import numpy as np
a = np.array([[1,2,3],[4,5,6]])
print(a)
print(type(a))
print(a.ndim)      #二维数组维度返回 2
print(a.shape)     #属性 shape 返回数组形状，即行、列数对应元组数量，如（2,3）
print(a.size)      #属性 size 返回数组中元素个数
```

【运行结果】

```
[[1 2 3]
 [4 5 6]]
<class 'numpy.ndarray'>
2
(2, 3)
6
```

【示例 3】通过 ndmin 参数可生成指定维度的数组。

【参考代码】

```
import numpy as np
```

```
a = np.array([1,2,3],ndmin=2) #传入一维列表，ndmin=2 指定生成二维数组
print(a)
print(a.ndim)
print(a.shape)
```

【运行结果】

```
[[1 2 3]]
2
(1, 3)
```

（3）改变数组元素类型

【示例 4】通过 dtype 参数可指定数组元素类型。

【参考代码】

```
import numpy as np
a = np.array([1,2,3,4,5])
b = np.array([1,2,3,4,5],dtype=float)    #指定为浮点型
print(a)
print(a.dtype)          #属性 dtype 返回数组元素的类型
print(a.itemsize)       #属性 itemsize 返回数组元素类型大小，即所占字节数
print('-' * 15)
print(b)
print(b.dtype)
print(b.itemsize)
```

【运行结果】

```
[1 2 3 4 5]
int32
4
---------------
[1. 2. 3. 4. 5.]
float64
8
```

【示例 5】类型提升，若元素中含有字符串，通常其他元素也自动提升为字符串型。

【参考代码】

```
import numpy as np
a = np.array([1,2,3,4,5,'a'])
print(a)
print(a.dtype)
```

【运行结果】

```
['1' '2' '3' '4' '5' 'a']
<U11
```

【说明】<U11 中的<为小端表示法，U11 表示长度为 11 的字符串型，平台不同，返回值可能有差异。该例中把'a'替换成'abcdefghijklmn'，相同平台，则返回<U14。

【示例 6】类型提升，若数值型元素中含有浮点型，则其他元素也自动提升为浮点型。

【参考代码】

```
import numpy as np
a = np.array([1,2,3,4,5.1])
print(a)
```

【运行结果】

```
[1.  2.  3.  4.  5.1]
```

9.1.3　知识点 3：numpy 特殊数组的创建

1. 全零数组——zeros 函数

【定义格式】

zeros(shape, dtype=float, order='C', *, like=None)

【参数说明】

shape：为全零数组的形状，整型或整型元组，如 2、(2,)、(2,3)等。

dtype：默认为 float 类型。

order：可选，{'C', 'F'}，将多维数据以 C 或 Fortran 形式存储在连续内存中。

like：可选参数，array_like，允许创建非 numpy 数组的数组。

【示例 1】使用 zeros 函数生成一维全零数组。

【参考代码】

```
#一维全零数组
import numpy as np
a = np.zeros(5)   #传入一维数组元素个数，为整数或元组 np.zeros((5,))
print(a)
```

【运行结果】

```
[0. 0. 0. 0. 0.]
```

【示例 2】使用 zeros 函数生成 2 行 3 列的二维全零数组。

【参考代码】

```
#二维全零数组
import numpy as np
b = np.zeros((2,3)) #生成 2 行 3 列的全零数组。若直接传入 2,3，则报错
print(b)
```

【运行结果】

```
[[0. 0. 0.]
 [0. 0. 0.]]
```

【说明】以此类推，np.zeros((2,3,4))将生成如下三维全零数组。

```
[[[0. 0. 0. 0.]
  [0. 0. 0. 0.]
  [0. 0. 0. 0.]]

 [[0. 0. 0. 0.]
  [0. 0. 0. 0.]
  [0. 0. 0. 0.]]]
```

2. 全一数组——ones 函数

【定义格式】

ones(shape, dtype=None, order='C', *, like=None)

【参数说明】

shape：为全零数组的形状，整型或整型元组，如 2、(2,)、(2,3)等。

dtype：默认为 float 类型，可指定为其他类型。

order：可选，{'C', 'F'}，将多维数据以 C 或 Fortran 存储在连续内存中。

like：可选参数，array_like，允许创建非 NumPy 数组的数组。

【示例 2】使用 ones 函数生成含 5 个元素的一维全一数组，数组元素为整型。

【参考代码】

```
#一维全一数组
import numpy as np
a = np.ones((5,), dtype=int)  #含 5 个元素的全一数组，dtype 指定为 int
print(a)
```

【运行结果】

```
[1 1 1 1 1]
```

【示例 4】使用 ones 函数生成含 3 行 4 列的二维全一数组，数组元素为整型。

【参考代码】

```
import numpy as np
a = np.ones((3,4),dtype=int)
print(a)
```

【运行结果】

```
[[1 1 1 1]
 [1 1 1 1]
 [1 1 1 1]]
```

3. 填充值数组——full 函数

【定义格式】

full(shape,fill_value,dtype=None,order='C',*,like=None)

【函数功能】

返回一个给定形状和类型的新数组，原始值用"fill_value"填充。

【参数说明】

shape：整数，数组的形状，元组或整型值，如（2，3）或 2。

fill_value：数组填充值，标量或类数组。

dtype：可选，数据类型。

order：可选，{'C', 'F'}，将多维数据以 C 或 Fortran 形式存储在连续内存中。

like：可选参数，array_like，允许创建非 numpy 数组的数组。

【示例 5】分析如下代码，输出其运行结果。

```
import numpy as np
a = np.full((2, 3), 5)
print(a)
```

【运行结果】

```
[[5 5 5]
 [5 5 5]]
```

【示例 6】分析如下代码，输出其运行结果。

```
import numpy as np
a = np.full((2, 3), [1,2,3])
print(a)
```

【分析】fill_value 填充值为一维列表（类数组）[1,2,3]，形状为 2 行 3 列，要求形状的列数与类数组的列数（一维列表的元素个数）相同，即把类数组重复 2 行。

【运行结果】

```
[[1 2 3]
 [1 2 3]]
```

4．eye 数组——eye 函数

【定义格式】

eye(N, M=None, k=0, dtype=<class 'float'>, order='C', *, like=None)

【函数功能】

返回一个对角线上为 1、其他位置为 0 的二维数组。

【参数说明】

N：整数，输出的行数。

M：整数，可选，输出的列数，默认为 N。

k：整数，可选，对角线索引：0（默认），表示主对角线，正值表示上对角线，负值表示下对角线。

dtype、order 和 like 参数可参见 full 函数。

【示例 7】使用 eye 函数生成如下 numpy 矩阵。

```
[[1. 0. 0.]
 [0. 1. 0.]
 [0. 0. 1.]]
```

【分析】方阵，故 N=3，而 M=3 或省略；主对角线为 1，故 k=0 或省略。

【参考代码 1】

```
import numpy as np
e = np.eye(3)    #或 eye(3,3)
print(e)
```

【参考代码 2】

```
import numpy as np
e = np.eye(3,k=0)
print(e)
```

【示例 8】使用 eye 函数生成如下 numpy 矩阵。

```
[[0. 0. 1. 0.]
 [0. 0. 0. 1.]
 [0. 0. 0. 0.]]
```

【分析】3 行 4 列，故 N=3，M=4；通过观察，值全为 1 的对角线是相对于主对角线向上平移 2 个单位的对角线，故 k=2。

【参考代码】

```
import numpy as np
e = np.eye(3,4,k=2)
print(e)
```

5. 等差数列数组——arange 函数

【定义格式】

arange([start,]stop[,step,],dtype=None,*,like=None)

【函数功能】

返回给定区间内均匀间隔的值对应 numpy 数组，即等差数列对应的 numpy 的 ndarray 数组。

【参数说明】

start：可选，区间的起点（包含），即左闭区间。默认为 0，表示从 0 开始。

stop：必选，区间的终点（不包含），即右开区间。

step：可选，步长（间隔），默认为 1。

dtype 和 like 参数同 full 函数。

【用法举例】

（1）arange(stop)：在左闭右开的区间[0，stop）中，按步长（间隔）step=1 生成等差数列值对应的数组。

（2）arange(start, stop):在左闭右开的区间[start, stop)中，按步长（间隔）step=1 生成等差数列值对应的数组。

（3）arange(start, stop, step):在左闭右开的区间[start, stop)中，按指定步长（间隔）值 step 生成等差数列值对应的数组。

【示例 9】分析如下代码，输出其运行结果。

```
import numpy as np
a = np.arange(3)        #相当于 start=0,stop=3,step=1，即[0,1,2]
print(a)
print(type(a))          #对应 numpy 的 ndarray 数组
```

【运行结果】

```
[0 1 2]
<class 'numpy.ndarray'>
```

【示例 10】分析如下代码，输出其运行结果。

```
import numpy as np
a = np.arange(3,7) #start=3,stop=7,step=1
print(a)
```

【运行结果】

```
[3 4 5 6]
```

【示例 11】分析如下代码，输出其运行结果。

```
import numpy as np
a = np.arange(3,9,2)
print(a)
```

【分析】start=3,stop=9,step=2，即在左闭右开区间[3,9)中按间隔为 2 生成数组元素。注意不包含 9。

【运行结果】

```
[3 5 7]
```

6. 等差数列数组——linspace 函数

【定义格式】

linspace(start,stop,num=50,endpoint=True,retstep=False,dtype=None,axis=0)

【函数功能】

在给定闭区间[start,stop]内返回 num 个均匀分布的数字对应的 numpy 的 ndarray 数组。

【参数说明】

start：序列的起始值。

stop：序列的结束值。

num：整型，可选，要生成的样本数，默认值为 50，必须是非负数。

endpoint：布尔型，可选，默认值为 True。如果为 True，则"stop"是最后一个样点；否则，不包括在内。

retstep：布尔型，可选，默认 False。如果为 True，同时返回 numpy 数组和数组元素间隔组成的元组 ('samples', 'step')，其中'step'是样点之间的间距。

dtype：可选，输出数组的类型。如果未给定，则数据类型是从"开始"和"停止"推断出来的。

axis：当生成的是多维数组时，该参数用来指定在哪个轴上使用 linspace。

【用法举例】

【示例 12】分析如下代码，输出其运行结果。

```
import numpy as np
a = np.linspace(2.0, 3.0, num=5)
print(a)
```

【分析】起点和终点可以是浮点数，即在[2.0,3.0]闭区间内生成等间隔的 5 个浮点数对应的 numpy 数组。

【运行结果】

```
[2.   2.25 2.5 2.75 3.  ]
```

【示例 12】分析如下代码，输出其运行结果。

```
import numpy as np
a = np.linspace(2.0, 3.0, num=5, endpoint=False)
print(a)
```

【分析】该例中 endpoint=False，相当于取（np.linspace(2.0, 3.0, num=5+1, endpoint=True)返回数组 [2.,2.2,2.4,2.6,2.8,3.]）num+1 个元素中的前 num 个元素组成的数组，即[2.,2.2,2.4,2.6,2.8]。

【运行结果】

```
[2.   2.2 2.4 2.6 2.8]
```

【示例 14】分析如下代码，输出其运行结果。

```
import numpy as np
a = np.linspace(2.0, 3.0, num=5, retstep=True)
print(a)
```

【分析】当 retstep 为 True 时，同时返回 numpy 的 ndarray 数组和数组元素间隔组成的元组 ('samples', 'step')，其中'step'是元素之间的间距。

【运行结果】

```
(array([2.  , 2.25, 2.5 , 2.75, 3.  ]), 0.25)
```

9.1.4　知识点 4：改变 numpy 数组形状

设 numpy 数组为 ndarry。

1. 通过修改 shape 属性值改变

以元组或列表为 shape 属性赋值新形状 new_shape。

【调用格式】

ndarr.shape = new_shape

其中，new_shape 为(行数,列数)或[行数,列数]。

【示例 1】阅读以下程序，输出其运行结果。

```
import numpy as np
a = np.arange(20)
print(a)
print('-'*60)
a.shape = (4,5)   #或a.shape = [4,5]
print(a)
```

【分析】arange(20)生成的是一维 numpy 数组

【运行结果】

```
[ 0  1  2  3  4  5  6  7  8  9 10 11 12 13 14 15 16 17 18 19]
------------------------------------------------------------
[[ 0  1  2  3  4]
 [ 5  6  7  8  9]
 [10 11 12 13 14]
 [15 16 17 18 19]]
```

2. 通过 reshape 函数改变

参数通常为整数、元组或列表形式。

【调用格式】

ndarr.reshape(new_shape)

【功能】

在不改变原数组的基础上，返回指定形状的新数组。

【示例 2】阅读以下程序，输出其运行结果。

```
import numpy as np
a = np.arange(20)
print(a) #查看原数组 a
print('-'*60)
b = a.reshape(4,5) #或 reshape([4,5]) 或 reshape((4,5))
print(a) #调用 reshape 后，查看原数组 a
print('-'*60)
print(b) #查看 reshape 函数返回的数组 b
```

【分析】reshape()函数返回给定 shape 的数组副本 b，不会修改原数组 a。

【运行结果】

```
[ 0  1  2  3  4  5  6  7  8  9 10 11 12 13 14 15 16 17 18 19]
------------------------------------------------------------
```

```
[ 0  1  2  3  4  5  6  7  8  9 10 11 12 13 14 15 16 17 18 19]
------------------------------------------------------------
[[ 0  1  2  3  4]
 [ 5  6  7  8  9]
 [10 11 12 13 14]
 [15 16 17 18 19]]
```

3. 通过 resize 函数改变

【调用格式 1】

ndarr.resize(new_shape)

【功能】

对原数组进行改变。

【调用格式 2】

ndarr_new = numpy.resize(ndarr,new_shape)

【功能】

在不改变原数组的基础上，返回指定形状的新数组。

【示例 3】阅读以下程序，输出其运行结果。

```python
import numpy as np
a = np.arange(20)
print(a)
print('-'*60)
a.resize(4,5)    #a 改变
print(a)
```

【分析】利用 ndarr.resize(new_shape)改变原数组 ndarr。

【运行结果】

```
[ 0  1  2  3  4  5  6  7  8  9 10 11 12 13 14 15 16 17 18 19]
------------------------------------------------------------
[[ 0  1  2  3  4]
 [ 5  6  7  8  9]
 [10 11 12 13 14]
 [15 16 17 18 19]]
```

【示例 4】阅读以下程序，输出其运行结果。

```python
import numpy as np
a = np.arange(20)
print(a)
print('-'*60)
b = np.resize(a,(4,5))
print(a)        #调用 np.resize(a,new_shape)后查看原数组 a
print('-'*60)
print(b)        #查看新返回数组 b
```

【分析】b = np.resize(a,new_shape)返回指定形状的数组 b，但数组 a 本身并不会改变。
【运行结果】

```
[ 0  1  2  3  4  5  6  7  8  9 10 11 12 13 14 15 16 17 18 19]
------------------------------------------------------------
[ 0  1  2  3  4  5  6  7  8  9 10 11 12 13 14 15 16 17 18 19]
------------------------------------------------------------
[[ 0  1  2  3  4]
 [ 5  6  7  8  9]
 [10 11 12 13 14]
 [15 16 17 18 19]]
```

9.2   任务 2 读取文件——loadtxt 函数

任务目标

➢ 了解 loadtxt 加载函数
➢ 灵活使用 loadtxt 函数

【任务描述】灵活使用 loadtxt 函数读取 CSV 及 TXT 文件。

9.2.1   知识点：读取文件——loadtxt 函数

【定义格式】

loadtxt(fname,dtype=<class'float'>,comments='#',delimiter=None,converters=None,skiprows=0,usecols=None,unpack=False,ndmin=0,encoding='bytes',max_rows=None,*,quotechar=None,like=None)

【功能】

通常用于 TXT 及 CSV 文件的读取。

【参数说明】

fname：必选，文件名。

dtype：可选，数据类型；默认值为 float，也可以设置为其他类型，比如 int。当设置为其他类型时需考虑数据本身的类型。

comments：可选，字符串或字符串序列或 None，用于标示注释的开始。None 表示没有注释，在读取时会跳过以 comments 开头的行。例如 comment = '//'，则在读取数据时，会跳过以//开头的行。默认值为"#"。

delimiter：可选，字符串型，值与值之间的分隔符，默认值为空白。换行符不能用作分隔符。

converters：可选，字典或可调用的转换函数，用于自定义值解析。如果转换函数是可调用的，则该函数将应用于所有列；否则，它必须是一个字典，将列编号映射到解析器函数。默认值为 None。

skiprows：可选，整型，跳过前 skiprows（包括注释）行读取，默认值为 0。

usecols：可选，整型或序列，表示要读取哪列，0 表示第一列。例如，usecols=(1,4,5)将提取第 2 列、第 5 列和第 6 列。默认值为 None，表示读取所有列。

unpack：可选，布尔型，若为 True，则返回的数组被转置，可使用 x，y，z=loadtxt()对参数进行解包。与结构化数据类型一起使用时，将为每个字段返回数组。默认值为 False。

ndmin：可选，整型。返回的数组将至少具有 ndmin 的维度。否则，一维轴将被压缩。合法值有 0（默认值）、1 或 2。

encoding：可选，字符串，用于解码输入文件的编码。默认值为 bytes 即字节。

max_rows：可选，整型，用于在行数之后读取 max_rows 内容行，默认为读取所有行。

quotechar：可选，unicode 字符或 None，表示引用项的开始和结束的字符。默认值为 None，意味着支持被禁用。

like：可选，array_like，引用对象允许创建非 NumPy 数组的数组。

9.2.2　任务实施 1

【任务】假设在当前工作目录下有文本文件 stu.csv，内容截图如图 9-1 所示，使用 loadtxt 读取文件并输出其内容。

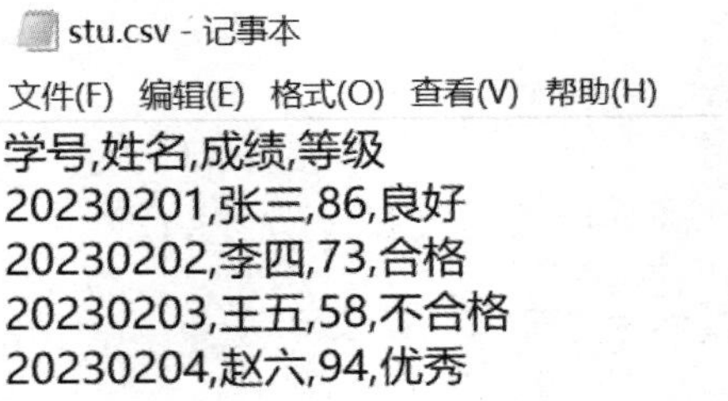

图 9-1　stu.csv 文件内容截图

【分析 1】本任务使用 numpy 模块中的 loadtxt 函数加载读取 CSV 格式的文件，并输出相关文件数据。由于 loadtxt 函数默认 dtype 是 float 类型，而该文件中的数据有字符串，也有数值。若采用默认的 dtype 类型读取文件，将会导致读取失败并报错，其错误信息如下："ValueError: could not convert string '学号' to float64 at row 0, column 1."。

故可把 dtype 统一为字符串类型 str。数据间隔符为逗号，即 delimiter=','。

【参考代码 1】

```
import numpy as np
d = np.loadtxt('stu.csv',dtype=str,delimiter=',')
print(d)
```

【运行结果 1】

```
[['学号' '姓名' '成绩' '等级']
 ['20230201' '张三' '86' '良好']
 ['20230202' '李四' '73' '合格']
 ['20230203' '王五' '58' '不合格']
 ['20230204' '赵六' '94' '优秀']]
```

【分析 2】如果跳过第一行，则 skiprows=1。第 1 列"学号"即 0 列，若筛选"姓名"（1 列）和"等级"（3 列），则 usecols=[1,3]。

【参考代码 2】

```
import numpy as np
d = np.loadtxt('stu.csv',dtype=str,delimiter=',',skiprows=1,usecols=[1,3])
print(d)
```

【运行结果 2】

```
[['张三' '良好']
 ['李四' '合格']
 ['王五' '不合格']
 ['赵六' '优秀']]
```

9.2.3　任务实施 2

【任务】假设在当前工作目录下有文本文件 stu.txt，文件内容截图如图 9-2 所示，使用 loadtxt 读取文件并输出其内容。

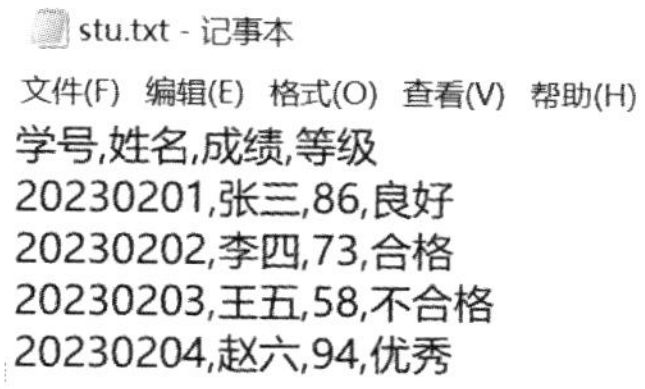
stu.txt - 记事本
文件(F) 编辑(E) 格式(O) 查看(V) 帮助(H)
学号,姓名,成绩,等级
20230201,张三,86,良好
20230202,李四,73,合格
20230203,王五,58,不合格
20230204,赵六,94,优秀

图 9-2　stu.txt 文件内容截图

【分析】在使用 loadtxt 读取 TXT 文本文件时，encoding 采用默认值，通常会报 UnicodeDecodeError 错误，可设置 encoding='utf-8'。

【参考代码】

```
import numpy as np
a = np.loadtxt('stu.txt',encoding='utf-8',dtype=str,delimiter=',')
print(a)
```

【运行结果】

```
[['学号' '姓名' '成绩' '等级']
 ['20230201' '张三' '86' '良好']
 ['20230202' '李四' '73' '合格']
 ['20230203' '王五' '58' '不合格']
 ['20230204' '赵六' '94' '优秀']]
```

9.3　任务 3　写入文件——savetxt 函数

任务目标

- 了解 savetxt 加载函数
- 灵活使用 savetxt 函数

【任务描述】灵活使用 savext 函数保存数据。

9.3.1　知识点 1：写入文件——savetxt 函数

savetxt 函数定义格式为

savetxt(fname,X,fmt='%.18e',delimiter=' ',newline='\n',header='',footer='',comments='#   ', encoding=None,)

【功能】

保存数组到 txt 文本文件。

【参数说明】

fname：文件名或文件句柄。

X：一维或二维类数组，即要保存到文本文件中的数据。

fmt：格式 format 的英文缩写，表示需要存储的数据的格式，可以自行设置。'%d'表示设置为整型，'%s'表示设为字符型，'%f'表示设为浮点数，'%m.nf'表示浮点数总位宽为 m，其中小数点后保留 n 位。

delimiter：加载分隔符，默认是空格。

newline：行分隔符，默认是换行符\n。

header：写入文件开头的字符串。

footer：写入文件末尾的字符串。

comments：文中的注释，与 header 配合使用，如果未设置 header 参数，即使设置了 comments 参数也无效。

encoding：{None，str}，设置输出文件的编码。

9.3.2　任务实施 1

【任务】使用 savetxt 函数把数值数组以整数形式存储到当前目录下的文本文件 out1 中，用空格作为间隔符。

【分析】可使用 numpy 中的 arange 函数生成 numpy 一维数组，然后使用 reshape 函数将其转换为二维数组。数据格式为整型，故 fmt='%d'。数据间隔符为空格，即 delimiter=' '。

【参考代码】

```
import  numpy as np
data = np.arange(30).reshape(5,6)#一维 numpy 数组转换 5 行 6 列二维数组
np.savetxt('out1',data,fmt='%d',delimiter=' ') #%d 表示整数
```

【运行结果】

数据保存结果如图 9-3 所示。

out1 - 记事本

文件(F)　编辑(E)　格式(O)　查看(V)　帮助(H)

```
0 1 2 3 4 5
6 7 8 9 10 11
12 13 14 15 16 17
18 19 20 21 22 23
24 25 26 27 28 29
```

图 9-3　out1 文件内容

9.3.3　任务实施 2

【任务】使用 savetxt 函数把数值数组以小数点后 3 位的浮点数形式存储到当前目录下的文本文件 out2 中，用逗号作为间隔符。文件开头信息为 "# 以下是浮点数形式"。

【分析】可使用 numpy 的 linspace 函数在闭区间范围内生成指定元素数量的 numpy 一维数组 data，再通过 numpy 数组的 shape 属性将它修改形状为 3 行 3 列的二维数组，即 data.shape=(3,3)。保存数据格式为浮点型，故 fmt='%m.nf'，小数点后 3 位，且未指定总位宽，故 fmt='%.3f'。数据间隔符为逗号，即 delimiter=','。

开头信息，使用 header 参数指定提示内容 "以下是浮点数形式"，comments 默认是'# '，故文件开头信息为 "# 以下是浮点数形式"。

【参考代码】

```
import numpy as np
data = np.linspace(2, 5, num=9)
data.shape = (3,3)  #通过 numpy 的 shape 属性改变数组形状
np.savetxt('out2',data,fmt='%.3f',delimiter=',',header='以下是浮点数形式')
```

【运行结果】

数据保存结果如图 9-4 所示。

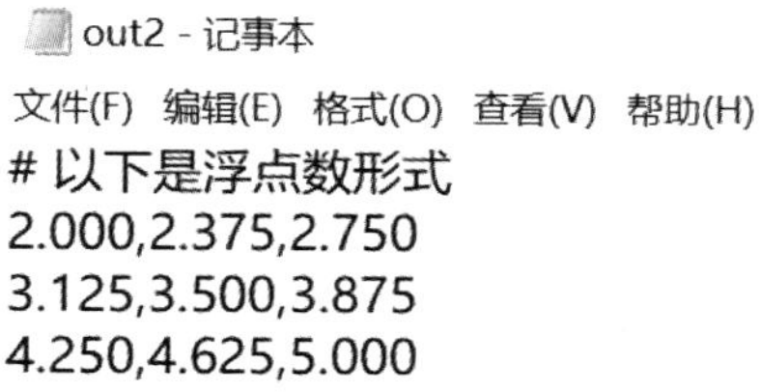

```
out2 - 记事本
文件(F)  编辑(E)  格式(O)  查看(V)  帮助(H)
# 以下是浮点数形式
2.000,2.375,2.750
3.125,3.500,3.875
4.250,4.625,5.000
```

图 9-4　out2 文件内容

9.3.4　任务实施 3

【任务】使用 savetxt 函数把数值数组以小数点后 3 位的科学计数法形式存储到当前目录下的文本文件 out3 中，用空格作为间隔符。文件开头和结尾分别显示 "//这是 header" 及 "//这是 footer"。

【分析】使用 ndarr.resize(new_shape)更改原数组 ndarr 的形状。文件开头和结尾的信息分别用 header 和 footer 参数指定，注释符不再是默认的'# '了，故设置参数 comments='//'。

【参考代码】

```
import  numpy as np
data = np.linspace(2, 5, num=9)
data.resize((3,3))
np.savetxt('out3',data,fmt='%.3e',delimiter=' ',header='这是 header',
        footer='这是 footer',comments='//')
```

【运行结果】

数据保存结果如图 9-5 所示。

out3 - 记事本

文件(F) 编辑(E) 格式(O) 查看(V) 帮助(H)

//这是header
2.000e+00 2.375e+00 2.750e+00
3.125e+00 3.500e+00 3.875e+00
4.250e+00 4.625e+00 5.000e+00
//这是footer

图 9-5　out3 文件内容

9.4　任务 4 实现数学公式——数学与统计函数

任务目标

➢ 掌握 numpy 的常见数学函数
➢ 掌握 numpy 的常见统计函数

【任务描述】灵活使用 numpy 数学和统计函数解决实际问题。

9.4.1　知识点 1：numpy 常见数学函数

numpy 模块常见的数学函数如表 9-1 所示。

表 9-1　numpy 模块常见的数学函数

函　数	用　途
add(x,y)　subtract(x,y)　multiply(x,y)　divide(x,y)	数组对应元素的相加、减、乘、除
sqrt(x)	数组各元素的平方根
square(x)	数组各元素的平方
abs(x)　fabs(x)	数组各元素的绝对值
log(x)　log10(x)　log2(x)	数组各元素的自然对数、以 10 为底的对数和以 2 为底的对数
ceil(x)　floor(x)	数组各元素向上取整、向下取整
rint(x)	数组各元素的四舍五入值
modf(x)	将数据各元素的整数和小数部分以两个独立的数组形式返回
sin(x)　cos(x)　sinh(x)　cosh(x)　tan(x)　tanh(x)	数据各元素的三角函数值
exp(x)　exp2(x)	数组各元素以 e、2 为底数的指数值
random.rand(shape)	根据给定形状（维度）生成[0,1)之间的随机数 random.rand()生成一个随机数 random.rand(m)生成 m 个随机数 random.rand(m,n)生成 m 行 n 列的随机数数组
random.randn()	返回一个或一组样本，具有标准正态分布 random.randn()返回一个随机数 random.randn(m,n)返回 m 行 n 列的随机标准正态数组
random.randint(low, high=None, size=None, dtype=int)	返回[low,high）范围内的随机整数，参数：low 为最小值，high 为最大值，size 为数组维度大小，dtype 为数据类型，默认为 int。high 未填写时，默认生成随机数的范围是[0,low)

续表

函　　数	用　　途
random.choice(a,size=None, replace=True, p=None)	从给定的一维数组生成随机样本 a 为一维数组类似数据或整数；size 为数组维度；p 为当数组中的数据出现的概率 a 为整数时，对应的一维数组为 np.arange(a)

9.4.2　知识点 2：numpy 常见统计函数

numpy 模块常见的统计函数如表 9-2 所示。

表 9-2　numpy 模块常见的统计函数

函　　数	用　　途
max　min	最大和最小值
mean	平均值
sum	计算数组中元素的和
var　std	计算数组中元素的方差和标准差
argmax　argmin	返回数组中最大、最小元素的索引
cumsum　cumprod	数组中所有元素的累加和累乘

9.5　项目实施

【步骤 1】加载文件查看样本

设当前目录下有鸢尾花数据集文件 iris_data.txt，使用 numpy 中的 loadtxt 函数读取，打印样本数。

【参考代码 1】

```
import numpy as np
d = np.loadtxt('iris_data.txt',dtype=str,delimiter=',')
print(d)
```

【运行结果 1】

iris_data.txt 文件部分内容如图 9-6 所示。

```
[['sepal_length' 'sepal_width' 'petal_length' 'petal_width' 'species']
 ['5.1' '3.5' '1.4' '0.2' 'setosa']
 ['4.9' '3.0' '1.4' '0.2' 'setosa']
 ['4.7' '3.2' '1.3' '0.2' 'setosa']
 ['4.6' '3.1' '1.5' '0.2' 'setosa']
 ['5.0' '3.6' '1.4' '0.2' 'setosa']
 ['5.4' '3.9' '1.7' '0.4' 'setosa']
 ['4.6' '3.4' '1.4' '0.3' 'setosa']
 ['5.0' '3.4' '1.5' '0.2' 'setosa']
 ['4.4' '2.9' '1.4' '0.2' 'setosa']
 ['4.9' '3.1' '1.5' '0.1' 'setosa']
 ['5.4' '3.7' '1.5' '0.2' 'setosa']
 ['4.8' '3.4' '1.6' '0.2' 'setosa']
 ['4.8' '3.0' '1.4' '0.1' 'setosa']
 ['4.3' '3.0' '1.1' '0.1' 'setosa']
 ['5.8' '4.0' '1.2' '0.2' 'setosa']
 ['5.7' '4.4' '1.5' '0.4' 'setosa']
 ['5.4' '3.9' '1.3' '0.4' 'setosa']
 ['5.1' '3.5' '1.4' '0.3' 'setosa']
```

图 9-6　iris_data.txt 文件部分内容

【步骤 2】查看数据样本数

使用长度函数 len 查看数据文件的总行数，文件内容包含了表头行，总行数减 1 即是数据样本数。

【参考代码 2】

```
print(len(d)-1)   #数据样本，即去掉首行标题行
```

【运行结果 2】

```
150
```

【步骤 3】选择除标题行之外的所有样本数据

采用切片，行标号从 0 开始，第 2 行标号为 1，即 d[1:]表示除首行之外的所有行。

【参考代码 3】

```
d1 = d[1:]   #切片 选取所有样本数据
print(len(d1))
print(d1)
```

【运行结果 3】

标题行之外的所有样本部分数据如图 9-7 所示。

```
150
[['5.1' '3.5' '1.4' '0.2' 'setosa']
 ['4.9' '3.0' '1.4' '0.2' 'setosa']
 ['4.7' '3.2' '1.3' '0.2' 'setosa']
 ['4.6' '3.1' '1.5' '0.2' 'setosa']
 ['5.0' '3.6' '1.4' '0.2' 'setosa']
 ['5.4' '3.9' '1.7' '0.4' 'setosa']
 ['4.6' '3.4' '1.4' '0.3' 'setosa']
 ['5.0' '3.4' '1.5' '0.2' 'setosa']
 ['4.4' '2.9' '1.4' '0.2' 'setosa']
 ['4.9' '3.1' '1.5' '0.1' 'setosa']
 ['5.4' '3.7' '1.5' '0.2' 'setosa']
 ['4.8' '3.4' '1.6' '0.2' 'setosa']
 ['4.8' '3.0' '1.4' '0.1' 'setosa']
 ['4.3' '3.0' '1.1' '0.1' 'setosa']
 ['5.8' '4.0' '1.2' '0.2' 'setosa']
 ['5.7' '4.4' '1.5' '0.4' 'setosa']
```

图 9-7　标题行之外的所有部分数据

【步骤 4】查看数据样本的形状

使用 numpy 数组的 shape 属性

【参考代码 4】

```
print(d1.shape)
```

【运行结果 4】

```
(150, 5)
```

【步骤 5】统计山鸢尾setosa 的样本数量

（1）选择 d1 样本集的最后一列，即 d1[:,-1]

（2）使用 numpy 模块中的 where 函数，即 np.where(d1[:,-1] == 'setosa')，在 d1[:,-1]品种名称中选择名为'setosa'的所有值，运行输出结果如下：

(array([0,1,2,3,4,5,6,7,8,9,10,11,12,13,14,15,16,17,18,19,20,21,22,23,24,25,26,27,28,29,30,31, 32,33,34,35,36,37,38,39,40,41,42, 43,44,45,46,47,48,49],dtype=int64),)

将它保存到 d2 中，即 d2 = np.where(d1[:,-1] == 'setosa')。

（3）使用 type 函数查看 d2 数据类型，即元组，numpy 数组为元组中的第一个元素，即 d2[0]为如下 numpy 数组：

array([0,1,2,3,4,5,6,7,8,9,10,11,12,13,14,15,16,17,18,19,20,21,22,23,24,25,26,27,28,29,30,31, 32,33,34,35,36,37,38,39,40,41,42,43, 44,45,46,47,48,49]

（4）使用 size 属性查看 d2[0]对应 numpy 数组的元素个数，即 d2[0].size。

【参考代码 5】

```
d2 = np.where(d1[:,-1] == 'setosa')
n = d2[0].size
print(n)
```

【运行结果 5】

```
50
```

9.6 项目小结

本项目主要介绍了 numpy 相关的常见属性和数学及统计函数。
主要知识点梳理如表 9-2 所示。

```
import numpy as np
```

表 9-2 主要知识点梳理

知识点	示　　例	说　　明

numpy 数组
创建
	a = np.array([1,2,3,4,5]) #一维
	a = np.array([[1,2,3],[4,5,6]])#二维
		参数可以为列表或元组

numpy 数组 属性	ndim（维度）、shape（形状）、size（数组大小或元素个数）、 dtype（元素类型）和 itemsize（每个元素的大小）	
特殊数组 创建	zeros #全零 ones #全一 full #指定形状的新数组 eye #对角线上为 1、其他位置为 0 的数组	
等差数列 数组	arange([start,]stop[,step,],dtype=None,*,like=None) 函数功能：返回给定区间内均匀间隔的值对应的 numpy 数组。 linspace(start,stop,num=50,endpoint=True,retstep=False, dtype=None,axis=0) 函数功能：在给定闭区间[start,stop]内返回 num 个均匀分布的 数字对应的 numpy 的 ndarray 数组	np.arange(3,9,2) #[3,5,7] np.linspace(2.0,3.0,num=5) #[2.,2.25,2.5,2.75,3.]

续表

知识点	示 例	说 明
改变数组形状的方法	设 numpy 数组为 ndarr。 则以元组或列表为 shape 属性赋值新形状 new_shape。 调用格式：ndarr.shape = new_shape	通过 shape 属性赋值的方式改变
	参数通常为整数、元组或列表形式。 调用格式：ndarr.reshape(new_shape)	通过 reshape 函数改变
	调用格式 1：ndarr.resize(new_shape) 功能：对原数组进行改变。 调用格式 2： ndarr_new =numpy.resize(ndarr,new_shape) 功能：在不改变原数组的基础上，返回指定形状的新数组	通过 resize 函数改变
读取文件	np.loadtxt('stu.csv',dtype=str,delimiter=',')	通常用于读取 TXT 及 CSV 文件
写入文件	savetxt(fname,X,fmt='%.18e', delimiter=' ',newline='\n', header='',footer='',comments='# ',encoding=None,)	保存数组到 TXT 文本文件中

习题 9

理论知识

一、填空

1. 查看 numpy 数组维度的属性为_____。
2. 查看 numpy 数组形状的属性为_____。
3. 查看 numpy 数组元素个数的属性为_____。
4. 有如下代码：

```
import numpy as np
arr = np.array([[1,2,3,4],[5,6,7,8],[9,10,11,12]])
```

则 arr.ndim=_____，arr.size=_____，arr.shape=_____。

5. 有如下代码：

```
import numpy as np
a = np.array([[1,2,3,4,5,6,7,8],
              [9,10,11,12,13,14,15,16],
              [17,18,19,20,21,22,23,24]])
```

则 print(a[2,6])=_____，print(a[:2,2:4])=_____，print(a[:,[1,3]])=_____。

二、判断

1. numpy 是 Python 中用于科学计算的一个库。（   ）
2. numpy 的核心对象是多维数组（ndarray）。（   ）

3．numpy 可以用于处理和分析图像数据。（　　　）

三、选择题

1．numpy 的主要数据类型是（　　　）。

　　A．list　　　　　　　　B．tuple　　　　　　C．dictionary　　　　　D．ndarray

2．下面哪个属性可以直接用于判断并返回 ndarray 的维度。（　　　）

　　A．ndarray.shape　　B．ndarray.ndim　　　C．ndarray.size　　　　D．所有答案都对

3．如何取出数组中所有的偶数？（　　　）

　　A．arr[arr % 2 == 0]　　　　　　　　　　B．np.even(arr)

　　C．np.where(arr % 2 == 0)　　　　　　　D．np.extract(arr % 2 == 0)

4．下列哪个函数用于创建一个 numpy 数组？（　　　）

　　A．np.array()　　　　B．np.append()　　　C．np.concatenate()　　D．np.insert()

5．numpy 数组中的索引从哪个数字开始？（　　　）

　　A．−1　　　　　　　　B．0　　　　　　　　C．1　　　　　　　　　D．2

6．如何获取 numpy 数组的形状（shape）？（　　　）

　　A．array.shape()　　　　　　　　　　　　B．array.shape

　　C．np.shape(array)　　　　　　　　　　　D．np.get_shape(array)

7．下面哪个函数可以用于计算数组的均值。（　　　）

　　A．np.sd()　　　　　　B．np.std()　　　　　C．np.var()　　　　　　D．np.mean()

四、简答题

1．简述 numpy 数组。

2．简述改变 numpy 数组形状的几种常见方法。

上机实践

1．创建一个形状为(3,3)的全零数组。

2．编程实现将一个列表转换为 numpy 数组，并查看转换前后的数据类型。

3．定义一个二维 numpy 数组，编程输出其中的最大值、最小值和平均值。

项目 10　泰坦尼克号数据集分析——pandas

- **知识目标**

本项目将学习使用 pandas 进行数据分析处理的方法，掌握 Series 和 DataFrame 两大数据结构，掌握不同数据类型文件与 DataFrame 结构的相互转换。

- **技能目标**

能够使用 pandas 灵活操作常见的文件类型，并具有对多张数据表联合分析的能力。

- **素养目标**

在"数据爆炸"的时代，能够高效筛选出所需数据。启发读者善于抓住事物的主要矛盾，并综合多方因素考虑后做出决策。

项目描述

数据集为 1912 年泰坦尼克号沉船事件中一些船员的个人信息以及存活状况。

任务列表

任 务 名 称	任 务 描 述
任务 1　鸢尾花数据展示——pandas 初体验	与 numpy 读取到的格式对比分析
任务 2　两大数据结构——pandas 初体验	对比分析 Series 和 DataFrame
任务 3　销售数据分析——数据导入导出	读取销售数据文件
任务 4　学生成绩分析——数据统计	统计总成绩、平均分，以及多表联合分析等操作

10.1　任务 1　鸢尾花数据展示——pandas 初体验

任务目标

➤ 掌握 pandas 的安装和模块导入
➤ 掌握 read_csv 函数读取文件的方法

【任务描述】读取并输出鸢尾花数据集中的数据。

假设当前目录下有鸢尾花数据集的 CSV 文件格式，使用 pandas 模块下的 read_csv 函数读取该数据文件，并展示相关统计信息。

10.1.1　知识点 1：pandas 介绍

1. 概念

pandas 是基于 numpy 构建的一个开源的 Python 库，提供了丰富和高效的数据结构和数据分析工具，使得数据分析和处理更加简单和快速。pandas 主要用于处理结构化数据，如表格数据。它提供了两个重要的数据结构：Series 和 DataFrame。

2. 安装

pip install pandas

10.1.2　知识点 2：读取 CSV 文件——read_csv 函数

read_csv 函数定义格式为

read_csv(filepath_or_buffer: 'FilePathOrBuffer',
　　sep=<no_default>,delimiter=None,header='infer',
　　names=<no_default>,usecols=None,
　　dtype: 'DtypeArg | None' = None,
　　engine=None,skiprows=None,skipfooter=0,nrows=None,
　　verbose=False,date_parser=None,comment=None,encoding=None)

【参数说明】

该函数参数众多，常见参数如下。

filepath_or_buffer：字符串、文件或类文件对象。

sep：字符串，指定分隔符，默认为逗号。

usecols：类列表，该列表中的值与文件中的位置相对应。

10.1.3　任务实施

【参考代码】

```
import pandas as pd
df = pd.read_csv(r'iris.csv')  #字符串前加 r 表示原生串
df
```

【运行结果】

	Unnamed: 0	Sepal.Length	Sepal.Width	Petal.Length	Petal.Width	Species
0	1	5.1	3.5	1.4	0.2	setosa
1	2	4.9	3.0	1.4	0.2	setosa
2	3	4.7	3.2	1.3	0.2	setosa
3	4	4.6	3.1	1.5	0.2	setosa
4	5	5.0	3.6	1.4	0.2	setosa
...	...	...	...	...	...	...
145	146	6.7	3.0	5.2	2.3	virginica
146	147	6.3	2.5	5.0	1.9	virginica
147	148	6.5	3.0	5.2	2.0	virginica
148	149	6.2	3.4	5.4	2.3	virginica
149	150	5.9	3.0	5.1	1.8	virginica

150 rows × 6 columns

【说明】由运行结果可知,与 numpy 模块 loadtxt 加载文件相比,pandas 模块 read_csv 读取的数据格式更类似表格,较美观,便于观察。

10.2　任务 2 两大数据结构——pandas 初体验

任务目标

➤ 掌握 Series 数据结构的特点和用法
➤ 掌握 DataFrame 数据结构的特点和用法

【任务描述】对比掌握两种数据结构。

10.2.1　知识点 1:Series 结构

Series 结构定义格式为

pd.Series(data=None,index=None,dtype:'Dtype|None'=None,
　　　　　name=None,copy:'bool'=False,fastpath:'bool'=False,)

【参数说明】

data:类数组、可迭代、字典或标量值,及包含存储在 Series 中的数据。

index:行索引,类似数组或一维索引,值必须是可散列的,并且具有与 data 相同的长度。

dtype:输出系列的数据类型。如果未指定,则将根据"数据"推断。

name:字符串,序列的名称。

copy:布尔型,默认 False。拷贝输入数据。

【示例 1】阅读以下代码,输出其运行结果。

```
import pandas as pd
s1 = pd.Series(['A','B','C','D'])
print(s1)
```

【运行结果】

```
0    A
1    B
2    C
3    D
dtype: object
```

【分析】该例要求列表变 Series 序列,index 默认是从 0 开始依次编号的。

【示例 2】阅读以下代码,输出其运行结果。

```
import pandas as pd
s2 = pd.Series(['A','B','C','D'],index=[3,4,5,6])
print(s2)
```

【运行结果】

```
3    A
4    B
5    C
6    D
dtype: object
```

【分析】该例子中行索引 index 按给定值顺序输出。

【示例 3】阅读以下代码，输出其运行结果。

```
import pandas as pd
s3 = pd.Series({'A':'优秀','B':'良好','C':'及格','D':'不及格'})
print(s3)
```

【运行结果】

```
A    优秀
B    良好
C    及格
D    不及格
dtype: object
```

【分析】字典数据，各键值对中的"键"作为行索引。

10.2.2　知识点 2：DataFrame 结构

DataFrame 结构定义格式为

DataFrame(data=None,index: 'Axes | None' = None,columns: 'Axes | None' =
　　　　　None,dtype: 'Dtype | None' = None,copy: 'bool | None' = None,)

【参数说明】

data：类数组、可迭代、字典，及包含存储在 DataFrame 中的数据。

index：行索引，类似数组或一维索引。

columns：类似索引或数组，当数据没有列标签时用于结果帧的列标签，默认为 RangeIndex（0，1，2，…，n）。如果数据包含列标签，将改为执行列。

dtype：输出系列的数据类型。

copy：布尔型，默认 False。拷贝输入数据。

【示例 1】阅读以下代码，输出其运行结果。

```
import pandas as pd
d = {'Name':['Tom','Li Lei','Linda','Jim'],
    'Age':[21,20,19,21],
    'Score':[98,87,100,75]}
df = pd.DataFrame(d)
df
```

【运行结果】

	Name	Age	Score
0	Tom	21	98
1	Li Lei	20	87
2	Linda	19	100
3	Jim	21	75

【分析】该例中 data 为字典，含有三个键值对，其中各键值对中的"键"作为列名，行索引默认从 0 开始依次编号。

【示例 2】阅读以下代码，输出其运行结果。

```
import pandas as pd
d = [[1,2,3],[4,5,6],[7,8,9]]
df = pd.DataFrame(d,columns=['A','B','C'])
df
```

【运行结果】

	A	B	C
0	1	2	3
1	4	5	6
2	7	8	9

【分析】该例子中数据是二维列表，通过 columns 参数指定列名。

10.2.3　任务实施

【任务】生成具有学号、姓名、年龄、语文、数学和外语成绩的 DataFrame 结构，其中学号作为行索引。

【参考代码】

```
import pandas as pd
data = {'学号':[202301,202302,202303,202304],
        '姓名':['张三','李四','王五','赵六'],
        '年龄':[21,20,19,20],
        '语文':[89,87,92,65],
        '数学':[90,66,73,83],
        '外语':[79,66,82,71]
        }
df = pd.DataFrame(data)
df
```

【运行结果】

	学号	姓名	年龄	语文	数学	外语
0	202301	张三	21	89	90	79
1	202302	李四	20	87	66	66
2	202303	王五	19	92	73	82
3	202304	赵六	20	65	83	71

10.3　任务 3 销售数据分析——数据导入导出

任务目标

➢ 掌握 read_excel 函数
➢ 掌握 read_csv 函数

【任务描述】使用 read_excel、read_csv 等函数读取文件。

10.3.1　知识点：read_excel 函数

read_excel 函数定义格式为

read_excel(io,sheet_name=0,header=0,names=None, index_col=None,usecols=None,
　　　dtype:'DtypeArg| None'=None,converters=None,skiprows=None,
　　　comment=None,skipfooter=0)

【功能】

从 Excel 文件中读取数据。

10.3.2　任务实施

【参考代码】

```
import pandas as pd
df = pd.read_excel(r'sale.xlsx')
df
```

【运行结果】

	日期	1月	2月	3月	4月	5月	6月	7月	8月	9月	10月	11月	12月	合计
0	2021	260	260	260	300	321	532	410	470	540	239	172	266	4030
1	2022	102	344	500	380	432	590	620	710	532	480	329	298	5317
2	合计	362	604	760	680	753	1122	1030	1180	1072	719	501	564	9347

10.4　任务 4 学生成绩分析——数据统计

任务目标

掌握 pandas 分析数据的能力

【任务描述】灵活使用 pandas 解决表格的读取、筛选、合并、增加新列等问题。

10.4.1　任务实施

【任务】假设当前目录有学生成绩文件 stu_score.xlsx，读取并显示相关数据。该文件中含有两个页签"文化课成绩"和"体育课成绩"，如图 10-1 所示。

	A	B	C	D	E	F
1	学号	姓名	性别	语文	数学	外语
2	20230201	张三	男	76	77	75
3	20230202	李四	女	66	75	80
4	20230203	王五	男	85	75	92
5	20230204	赵六	男	65	80	72
6	20230205	张磊	女	73	92	61
7	20230206	刘八	男	60	89	71
8	20230207	徐明	女	67	84	61
9	20230208	王晓	男	76	86	69
10	20230209	赵凯	男	66	85	65
11	20230210	邓华	女	62	90	60
12	20230211	王良	男	60	89	71
13	20230212	李明	男	76	84	60
14	20230213	晓亮	女	79	84	64
15	20230214	张鹏	男	77	72	61
16	20230215	李明	男	74	88	68
17	20230216	王凯	女	76	77	73

文化课成绩　体育课成绩

	A	B	C	D
1	学号	姓名	性别	体育
2	20230201	张三	男	82
3	20230202	李四	女	89
4	20230203	王五	男	74
5	20230204	赵六	男	89
6	20230205	张磊	女	94
7	20230206	刘八	男	91
8	20230207	徐明	女	89
9	20230208	王晓	男	74
10	20230209	赵凯	男	89
11	20230210	邓华	女	94
12	20230211	王良	男	91
13	20230212	李明	男	89
14	20230213	晓亮	女	74
15	20230214	张鹏	男	89
16	20230215	李明	男	94
17	20230216	王凯	女	74

体育课成绩

图 10-1　stu_score.xlsx 文件内容

【步骤 1】从 Excel 文件加载数据，通过参数 sheet_name 分别读取"文化课成绩"页签及"体育课成绩"页签中的内容。

查看数据：使用 head()或 tail()方法查看前几行或后几行的数据。

【参考代码 1】

```
import pandas as pd
df1 = pd.read_excel('stu_score.xlsx',sheet_name='文化课成绩')
df1.head()


df2 = pd.read_excel('stu_score.xlsx',sheet_name='体育课成绩')
df2.head()
```

【运行结果 1】文化课和体育课成绩，如图 10-2 所示。

	学号	姓名	性别	语文	数学	外语
0	20230201	张三	男	76	77	75
1	20230202	李四	女	66	75	80
2	20230203	王五	男	85	75	92
3	20230204	赵六	男	65	80	72
4	20230205	张磊	女	73	92	61

	学号	姓名	性别	体育
0	20230201	张三	男	82
1	20230202	李四	女	89
2	20230203	王五	男	74
3	20230204	赵六	男	89
4	20230205	张磊	女	94

图 10-2　文化课和体育课成绩

【步骤 2】统计汇总信息。

【分析 2】数据统计：使用 describe()方法对文化课成绩数据进行统计汇总，包括计数、均值、标准差、最小值、最大值和四分位数等。

【参考代码 2】

```
df1.describe()
```

【运行结果 2】

	学号	语文	数学	外语
count	1.600000e+01	16.000000	16.000000	16.000000
mean	2.023021e+07	71.125000	82.937500	68.937500
std	4.760952e+00	7.455423	6.180278	8.621436
min	2.023020e+07	60.000000	72.000000	60.000000
25%	2.023020e+07	65.750000	77.000000	61.000000
50%	2.023021e+07	73.500000	84.000000	68.500000
75%	2.023021e+07	76.000000	88.250000	72.250000
max	2.023022e+07	85.000000	92.000000	92.000000

【步骤 3】选择指定列，如"学号"和"姓名"这两列。

【分析 3】列选择：通过指定列名或使用索引选择需要的列进行分析。

如果选择一列，如"学号"列，可直接采用下标索引 df1['学号']或列表 df1[['学号']]；如果选择两列以上，则要使用列表表示，如选择"学号"和"姓名"两列数据，可用 df1[['学号', '姓名']]表示。

【参考代码 3】

```
df1[['学号', '姓名']].tail()   #查看后 5 行
```

【运行结果 3】

	学号	姓名
11	20230212	李明
12	20230213	晓亮
13	20230214	张鹏
14	20230215	李明
15	20230216	王凯

【步骤 4】筛选出数学成绩大于等于 85 的学生信息。

【分析 4】

（1）使用下标运算符选择"数学"，即 df1['数学']，将得到所有学生的"数学"成绩，运行结果如下。

```
0     77
1     75
2     75
3     80
4     92
5     89
6     84
7     86
8     85
9     90
10    89
11    84
12    84
13    72
14    88
15    77
Name: 数学, dtype: int64
```

（2）在 df1['数学']中筛选成绩满足大于等于 85 分条件的，即 df1['数学'] >= 85，运行结果如下。结果为布尔值 True 或 False。

```
0     False
1     False
2     False
3     False
4      True
5      True
6     False
7      True
8      True
9      True
10     True
11    False
12    False
13    False
14     True
15    False
Name: 数学, dtype: bool
```

在 df1 中筛选"数学"成绩大于等于 85 分的，即筛选 df1['数学'] >= 85 返回值为 True 时对应的学生信息，即 df1[df1['数学'] >= 85]。

【参考代码 4】

```
df1[df1['数学'] >= 85]
```

【运行结果 4】

	学号	姓名	性别	语文	数学	外语
4	20230205	张磊	女	73	92	61
5	20230206	刘八	男	60	89	71
7	20230208	王晓	男	76	86	69
8	20230209	赵凯	男	66	85	65
9	20230210	邓华	女	62	90	60
10	20230211	王良	男	60	89	71
14	20230215	李明	男	74	88	68

【步骤 5】把两页签内容合并为一页上，既包含文化课成绩又包含体育课成绩，保存为df，并显示前 10 条。

【分析 5】两表合并可使用 merge 函数，传入两表 df1 和 df2，并把两表中相同列名（学号、姓名和性别）集，以列表[]或元组()的形式传给参数 on。

【参考代码 5】

```
df = pd.merge(df1,df2,on=['学号','姓名','性别']) #相同列名集，[]()均可
df.head(10)  #前 10 条
```

【运行结果 5】

	学号	姓名	性别	语文	数学	外语	体育
0	20230201	张三	男	76	77	75	82
1	20230202	李四	女	66	75	80	89
2	20230203	王五	男	85	75	92	74
3	20230204	赵六	男	65	80	72	89
4	20230205	张磊	女	73	92	61	94
5	20230206	刘八	男	60	89	71	91
6	20230207	徐明	女	67	84	61	89
7	20230208	王晓	男	76	86	69	74
8	20230209	赵凯	男	66	85	65	89
9	20230210	邓华	女	62	90	60	94

【步骤 6】计算并增加文化课和体育课的总成绩列。

【分析 6】在 df 上增加新列，可以使用 df[new_column_name] = [⋯]。

那如何计算"语文"、"数学"、"外语"和"体育"课的总成绩？

（1）df.loc 是按标签或者布尔数组进行/列索引。行和列之间通常用逗号间隔，即 df.loc[行,列]

（2）包括所有学生，即所有行，即 df.loc[:,列]

（3）包括从"语文"到"体育"这些列，故 df.loc[:,'语文':'体育']

df.loc[:,'语文':'体育'].head()的运行如图 10-3 所示，与预期相同。

	语文	数学	外语	体育
0	76	77	75	82
1	66	75	80	89
2	85	75	92	74
3	65	80	72	89
4	73	92	61	94

图 10-3　运行结果

（4）计算这几列的总成绩，即求和，在该表格对象上调用 sum 函数，参数 axis=1 表示按行相加，即每一行的各列相加(df.loc[:,'语文':'体育']).sum(axis=1)。

【参考代码 6】

```
s = (df.loc[:,'语文':'体育']).sum(axis=1)#计算每行总成绩保存到 s 中
df['总成绩'] = s       #增加"总成绩"新列
df.head()
```

【运行结果 6】

	学号	姓名	性别	语文	数学	外语	体育	总成绩
0	20230201	张三	男	76	77	75	82	310
1	20230202	李四	女	66	75	80	89	310
2	20230203	王五	男	85	75	92	74	326
3	20230204	赵六	男	65	80	72	89	306
4	20230205	张磊	女	73	92	61	94	320

10.5　项目实施

【步骤 1】加载文件并查看文件内容。

设当前目录下有泰坦尼克号数据集文件 titanic.csv，使用 pandas 中的 read_csv 读取，并查看前 5 行。

【参考代码 1】

```
import pandas as pd
data = pd.read_csv('titanic.csv')  #读取数据集
data.head() # 查看数据集前 5 行
```

【运行结果 1】

	PassengerId	Survived	Pclass	Name	Sex	Age	SibSp	Parch	Ticket	Fare	Cabin	Embarked
0	493	0	1	Molson, Mr. Harry Markland	male	55.0	0	0	113787	30.5000	C30	S
1	53	1	1	Harper, Mrs. Henry Sleeper (Myna Haxtun)	female	49.0	1	0	PC 17572	76.7292	D33	C
2	388	1	2	Buss, Miss. Kate	female	36.0	0	0	27849	13.0000	NaN	S
3	192	0	2	Carbines, Mr. William	male	19.0	0	0	28424	13.0000	NaN	S
4	687	0	3	Panula, Mr. Jaako Arnold	male	14.0	4	1	3101295	39.6875	NaN	S

【说明 1】PassengerId：乘客标号，Surived：存活状况（0：死亡，1：幸存），Pclass：客舱等级，Name：姓名，Sex：性别，Age：年龄，SibSp：乘客的兄弟姐妹或配偶数，Parch：

乘客父母数和子女数，Ticket：船票编号，Fare：船票价格，Cabin：客舱号，Embarked：登船港口。

【步骤 2】查看数据集统计信息。

【参考代码 2】

```
data.describe()  # 查看数据集的统计信息
```

【运行结果 2】

	PassengerId	Survived	Pclass	Age	SibSp	Parch	Fare
count	712.000000	712.000000	712.000000	566.000000	712.000000	712.000000	712.000000
mean	440.928371	0.391854	2.296348	29.782102	0.502809	0.386236	32.922173
std	256.253817	0.488508	0.842332	14.509735	1.031156	0.837572	52.102027
min	1.000000	0.000000	1.000000	0.420000	0.000000	0.000000	0.000000
25%	224.750000	0.000000	1.750000	20.625000	0.000000	0.000000	7.895800
50%	430.500000	0.000000	3.000000	28.000000	0.000000	0.000000	14.458300
75%	664.250000	1.000000	3.000000	38.750000	1.000000	0.000000	31.275000
max	891.000000	1.000000	3.000000	80.000000	8.000000	6.000000	512.329200

【步骤 3】查看数据集基本信息。

调用 info()函数。

【参考代码 3】

```
print(data.info())  #查看数据集的基本信息
```

【运行结果 3】

```
<class 'pandas.core.frame.DataFrame'>
RangeIndex: 712 entries, 0 to 711
Data columns (total 12 columns):
 #   Column       Non-Null Count   Dtype
---  ------       --------------   -----
 0   PassengerId  712 non-null     int64
 1   Survived     712 non-null     int64
 2   Pclass       712 non-null     int64
 3   Name         712 non-null     object
 4   Sex          712 non-null     object
 5   Age          566 non-null     float64
 6   SibSp        712 non-null     int64
 7   Parch        712 non-null     int64
 8   Ticket       712 non-null     object
 9   Fare         712 non-null     float64
 10  Cabin        168 non-null     object
 11  Embarked     710 non-null     object
dtypes: float64(2), int64(5), object(5)
memory usage: 66.9+ KB
None
```

【步骤 4】统计幸存人数。

访问'Survived'列，即 data['Survived']，该列的值要么为 1（存活），要么为 0（死亡），故对该列求和即为幸存人数，data['Survived'].sum()，或写成 data['Survived'].sum(axis=0)。

可采用 string.format()格式输出。

【参考代码 4】

```
survived_count = data['Survived'].sum()  #默认 axis=0，即按列加
print('存活人数：{}'.format(survived_count))
```

【运行结果 4】

存活人数: 279

【步骤 5】分析幸存率与性别的关系。

（1）groupby 函数：在 pandas 对象上调用 groupby 分组函数，参数 by（可省略）用于指定分组字段，本例考虑幸存率与性别关系，故 data.groupby('Sex')，会得到两组即 female 和 male 组对应乘客情况，如果想得到这两组的幸存情况，则可通过下标访问'Survived'列，即 data.groupby('Sex')['Survived']，其返回为对象（类似包裹），可使用 list 函数查看相关信息（打开包裹）。

（2）list(data.groupby('Sex')['Survived'])，运行结果如下：

```
[('female',
 1     1
 2     1
 5     1
 8     0
 10    1
      ..
 701   1
 702   0
 703   1
 706   1
 707   1
 Name: Survived, Length: 256, dtype: int64),
('male',
 0     0
 3     0
 4     0
 6     0
 7     0
      ..
 705   0
 708   0
 709   0
 710   0
 711   0
 Name: Survived, Length: 456, dtype: int64)]
```

（3）由此可见，list(data.groupby('Sex')['Survived'])返回的列表中含有两个元素（元组），即 female 和 male 两分组。data.groupby('Sex')['Survived'][0]和 data.groupby('Sex')['Survived'][1]分别为 female 和 male 分组对应的幸存情况。如下是 female 分组对应的幸存情况。

```
('female',
 1     1
 2     1
 5     1
 8     0
 10    1
      ..
 701   1
 702   0
 703   1
 706   0
 707   1
 Name: Survived, Length: 256, dtype: int64)
```

（4）分析幸存率和性别的关系。

对两分组分别采用求平均值的方式，即

```
data.groupby('Sex')['Survived'].mean()
```

【参考代码 5】

```
survived_sex = data.groupby('Sex')['Survived'].mean()
print('存活率与性别的关系: ')
print(survived_sex)
```

【运行结果 5】

```
存活率与性别的关系:
Sex
female    0.753906
male      0.188596
Name: Survived, dtype: float64
```

10.6　项目小结

本项目主要介绍了 pandas 模块两大数据结构 Series 和 DataFrame，CSV、Excel 等数据文件的读取和数据统计分析。

主要知识点梳理如表 10-1 所示。

表 10-1　主要知识点梳理

知识点	示例	说明
pandas 两大数据类型	Series: pd.Series(['Mon','Tues','Wed','Thur','Fri','Sat','Sun'],index=[' 星 期 一','星期二','星期三','星期四','星期五','星期六','星期日'])	未指定 index，默认从 0 开始依次编号
	DataFrame: d = {'Name':['张三','李四'], 'Score':[98,100]} pd.DataFrame(d)	通常为字典数据，键值对中的 "键" 作为列名
文件读取	Excel 文件: read_excel(io,sheet_name=0,header=0,names=None, 　　　index_col=None, 　　　usecols=None)	sheet_name: Excel 文件页签的名字
	CSV 文件: read_csv(filepath_or_buffer: 'FilePathOrBuffer', sep=<no_default>, 　　　delimiter=None,names=<no_default>,usecols=None)	
查看数据信息	describe()　# 查看数据集的统计信息 info()　　　#查看数据集的基本信息	
查看数据行数	head(): 默认前 5 行 head(n): 前 n 行 tail(): 默认后 5 行 tail(n): 后 n 行	
合并表格	pd.merge(df1,df2,left_on='***',right_on='***')	两表 df1 和 df2 按照列合并，如果相同则合并
DataFrame 增加列	df[new_column_name] = […]	

习题 10

理论知识

一、填空

1. pandas 模块的两大数据结构是_____和_____。
2. pandas 读取 Excel 文件的函数名为_____。
3. pandas 读取 CSV 文件的函数名为_____。
4. pandas 合并两 DataFrame 表的函数名为_____。
5. pandas 中对 DataFrame 表进行分组的函数名为_____。

二、判断题

1. pandas 是 Python 中的一个数据分析库。（　　）
2. 使用 pandas 时，可以将数据存储在两种主要类型的对象中，即 Series 和 DataFrame。（　　）
3. Series 是带有索引的一维数组对象，可用于表示一列数据。（　　）
4. 在 pandas 中，使用 head()函数可以显示 DataFrame 或 Series 的前几行，默认为前 5 行。（　　）
5. 使用 describe()函数可以显示 DataFrame 或 Series 的汇总统计信息，包括计数、平均值、标准差等。（　　）

三、选择题

1. 使用哪个 pandas 数据结构来表示表格数据？（　　）
   A. DataFrame　　　　　　　　　　　B. Series
   C. Panel　　　　　　　　　　　　　D. numpy ndarray
2. 如果想要选择 DataFrame 对象 df 中从第 3 列到倒数第 1 列之间的所有行，应该使用哪个语句？（　　）
   A. df.iloc[2:-1]　　B. df.iloc[:, 2:-1]　　C. df.loc[2:-1, :]　　D. df.loc[:, 2:-1]
3. 如何在 DataFrame 对象 df 中添加一列？（　　）
   A. df.append()　　　　　　　　　　B. df.del()
   C. df.add()　　　　　　　　　　　　D. df[new_column_name] = [⋯]
4. 如何从 DataFrame 对象 df 中选择指定的列？（　　）
   A. df.loc[colname]　　　　　　　　B. df.iloc[colname]
   C. df.get[colname]　　　　　　　　D. df[colname]

四、简答题

1. pandas 中的 Series 和 DataFrame 有什么区别？
2. 如何根据条件选择 DataFrame 中的行或列？举例说明。

上机实践

1．使用 pandas 模块编程实现如下功能。

（1）编程生成以下形式表格。

	姓名	语文	数学
1	Tom	92	88
2	Jim	78	72
3	Linda	98	99
4	Li Lei	63	68

（2）编程实现增加"平均分"这一列，如下所示。

	姓名	语文	数学	平均分
1	Tom	92	88	90.0
2	Jim	78	72	75.0
3	Linda	98	99	98.5
4	Li Lei	63	68	65.5

2．假设当前目录下有 Excel 学生成绩文件 score.xls，如图 10-4 所示，包含"必修课"和"选修课"两个页签，读取并输出两页签的前 5 条数据，按"学号"合并两表，计算并增加合并表后的"总成绩"列。按班级对合并后的表进行分组分析。

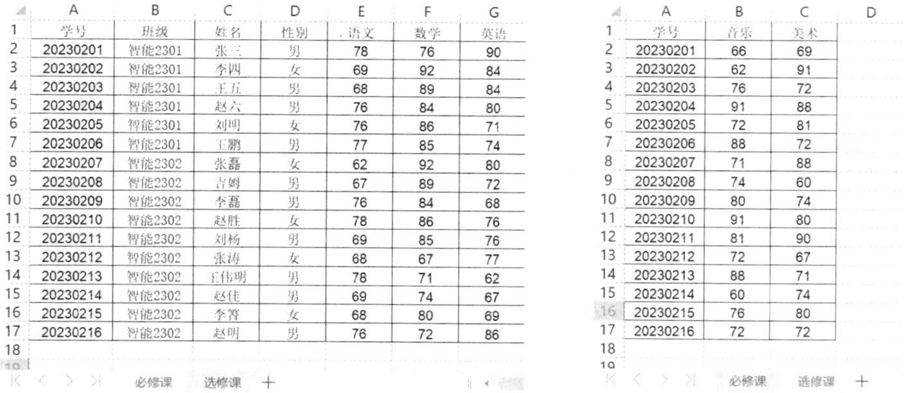

	A	B	C	D	E	F	G
1	学号	班级	姓名	性别	语文	数学	英语
2	20230201	智能2301	张三	男	78	76	90
3	20230202	智能2301	李四	女	69	92	84
4	20230203	智能2301	王五	男	68	89	84
5	20230204	智能2301	赵六	男	76	84	80
6	20230205	智能2301	刘明	女	76	86	71
7	20230206	智能2301	王鹏	男	77	85	74
8	20230207	智能2302	张磊	女	62	92	80
9	20230208	智能2302	吉姆	男	67	89	72
10	20230209	智能2302	李磊	男	76	84	68
11	20230210	智能2302	赵胜	女	78	86	76
12	20230211	智能2302	刘杨	男	69	85	76
13	20230212	智能2302	张涛	女	68	67	77
14	20230213	智能2302	王伟明	男	78	71	62
15	20230214	智能2302	赵佳	男	69	74	67
16	20230215	智能2302	李菁	女	68	80	69
17	20230216	智能2302	赵明	男	76	72	86

	A	B	C	D
1	学号	音乐	美术	
2	20230201	66	69	
3	20230202	62	91	
4	20230203	76	72	
5	20230204	91	88	
6	20230205	72	81	
7	20230206	88	72	
8	20230207	71	88	
9	20230208	74	60	
10	20230209	80	74	
11	20230210	91	80	
12	20230211	81	90	
13	20230212	72	67	
14	20230213	88	71	
15	20230214	60	74	
16	20230215	76	80	
17	20230216	72	72	

必修课　选修课　+

图 10-4　score.xls 文件内容

第三篇　数据可视化篇

项目 11　全国人口及收入消费变化趋势——matplotlib

项目目标

● **知识目标**

本项目将学习使用 matplotlib 进行数据可视化的相关方法，灵活掌握折线图、条形图、散点图、饼图的绘制方法。掌握在一张图上绘制多条曲线，并掌握图例的使用方法。

● **技能目标**

能够综合运用 pandas 和 matplotlib 对数据进行分析及可视化的能力。

● **素养目标**

"千言万语不及一张图"，在"数据爆炸"的时代，数据可视化显得尤为重要，能够较直观地显示数据中蕴含的信息和规律。引导读者了解基本国情，关心国家大事，并逐步培养读者可视化的意识和素养。

项目描述

本项目将综合使用 pandas 和 matplotlib 等模块对 2010～2022 年的全国出生人口、死亡人口、人均可支配收入和人均消费性支出等数据如图 11-1 所示，进行可视化分析。

	年份（年）	2010	2011	2012	2013	2014	2015	2016	2017	2018	2019	2020	2021	2022
0	全国出生人数（万人）	1596.00	1640.00	1635.00	1640.00	1687.00	1655.00	1883.20	1764.80	1523.00	1465.00	1202.10	1062.00	956.00
1	全国死亡人数（万人）	953.00	960.00	966.00	972.00	977.00	975.00	977.00	986.00	993.00	998.00	997.60	1014.00	1041.00
2	人均可支配收入（万元）	1.25	1.46	1.65	1.83	2.02	2.20	2.38	2.60	2.82	3.07	3.22	3.51	3.69
3	人均消费性支出（万元）	0.94	1.08	1.21	1.32	1.45	1.57	1.71	1.83	1.99	2.16	2.12	2.41	2.45

图 11-1　项目数据

任 务 名 称	任 务 描 述
任务 1 成长曲线图——折线图	运用 matplotlib.pyplot 中的 plot 方法绘制折线图
任务 2 男女生月消费饮料数量对比图——条形图	运用 matplotlib.pyplot 中的 bar 及 barh 方法绘制条形图，掌握对比条形图绘制方法
任务 3 鸢尾花不同特征与种类的关系图——散点图	运用 matplotlib.pyplot 中的 scatter 方法绘制散点图
任务 4 选修课程分析——饼图	运用 matplotlib.pyplot 中的 pie 方法绘制饼图，并设置标签、百分比位数显示、离心率等

11.1 任务 1 成长曲线图——折线图

任务目标

➢ 掌握简单折线图的绘制
➢ 掌握 x、y 坐标轴 label 设计
➢ 掌握线形、颜色、marker 等设计

【任务描述】已知男女生 7～18 岁身高随着年龄变化的数据如表 11-1 所示，绘制男女生年龄-身高折线图。

表 11-1 男女生年龄（岁）身高（cm）数据表

年龄	7	8	9	10	11	12	13	14	15	16	17	18
男生	130	133	135	139	145	150	156	158	167	172	174	178
女生	128	131	135	138	146	152	155	159	164	165	166	167

【任务分析】可使用 matplotlib 中的 plot 函数先绘制男生的年龄-身高折线图，再用不同颜色绘制女生的年龄-身高折线图，并使用图例进行标注。

11.1.1 知识点 1：绘图模块导入

导入 maplotlib 中的绘图模块 pyplot，主要有如下两种方式：

```
import matplotlib.pyplot as plt
from matplotlib import pyplot as plt
```

11.1.2 知识点 2：plot 绘制图形

调用格式：plot(x,y)，如把年龄列表数据 age 和男、女生身高列表数据 height_b 或 height_g 传入 plot 函数，即可绘制出最简图形。

第一步：调用 plot 函数使用横轴（年龄）、纵轴（身高）数据，绘制简单的男生年龄-身高折线图。

```
import matplotlib.pyplot as plt
age = [7,8,9,10,11,12,13,14,15,16,17,18]
```

```
height_b = [131,132,134,135,140,145,151,158,167,172,175,181]
plt.plot(age,height_b)              #绘制 age-height_b 图
plt.show()                          #显示图形
```

运行结果如图 11-2 所示。

第二步：支持中文显示，并增加 *x*、*y* 坐标轴名称及标题。

注意：如果坐标轴名称或标题中含有汉字，可能无法正常显示中文，需要进行如下设置。

```
plt.rcParams['font.sans-serif'] = 'SimHei'  #显示中文简体

plt.xlabel('年龄(岁)')              #设置 x 轴坐标名称，参数为字符串
plt.ylabel('身高(cm)')             #设置 y 轴坐标名称，参数为字符串
plt.title('年龄-身高图')           #设置标题名称，参数为字符串
```

运行结果如图 11-3 所示。

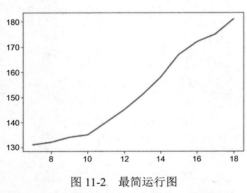

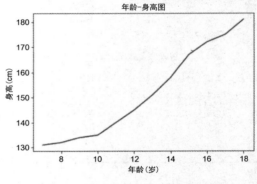

图 11-2　最简运行图　　　　　　　　　　图 11-3　坐标轴及标题信息

第三步：在一套坐标轴上绘制两条曲线。

在一套坐标轴上同时绘制男、女生的年龄身高图，可以用如下两种方式。

年龄、男生身高、女生身高数据分别为：

age = [7,8,9,10,11,12,13,14,15,16,17,18]

height_b = [131,132,134,135,140,145,151,158,167,172,175,181]

height_g = [130,132,135,138,143,147,154,159,164,165,166,168]

（1）使用两个 plot 分别绘制。

```
plt.plot(age,height_b)         #绘制男生年龄-身高图
plt.plot(age,height_g)         #绘制女生年龄-身高图
```

（2）使用一个 plot 同时绘制。

```
plt.plot(age,height_b,age,height_g)         #绘制男、女生年龄-身高图
```

运行结果如图 11-4 所示。

第四步：打上图例 legend。

图例可以帮助人们较清晰地区分同一个坐标轴中的多条曲线。显示图例需要如下两步操作。

（1）在 plot 函数中，设置 labels 参数。

```
plt.plot(age,height_b,label='男生')     #图例：男生
plt.plot(age,height_g,label='女生')     #图例：女生
```

（2）调用 legend 函数。

```
plt.legend()      #显示图例，漏掉该语句将不显示图例
```

运行结果如图 11-5 所示。

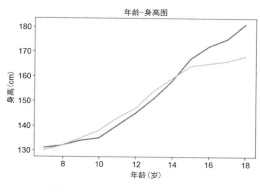

图 11-4　男、女生年龄-身高图

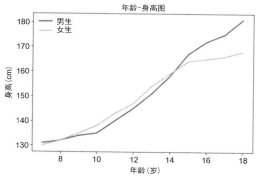

图 11-5　显示图例信息

第五步：设置线型（linestyle）、颜色（color）及标记（marker）。

（1）设置线型

matplotlib 中的 plot 绘图可通过参数 linestyle 设置线型，参数类型为字符串，默认是实线(-)，还可以设置为虚线（--）、虚点线（-.）等不同线型。常用 linestyle 线型参数如表 11-2 所示。

表 11-2　常用 linestyle 线型参数

linestyle（线型）参数	描　述　信　息
'-'　或 'solid'	solid line（实线）
'--'　或 'dashed line'	dashed line（虚线）
'-.'　或 'dashdot'	dash-dotted line（虚点线）
':'　或 'dotted'	dotted line（点线）
None 或 '' 或 "	draw nothing（空白，无线条）

举例：以下 3 种均可绘制实线。

```
plt.plot(age,height_b, linestyle='solid')     #通过单词指定
plt.plot(age,height_b,linestyle='-')          #通过符号指定
plt.plot(age,height_b)                        #默认
```

（2）设置颜色

通过参数 c 或 color 可为线条设置不同颜色，参数类型为字符串，常用的颜色参数如表 11-3 所示。

表 11-3　常用的颜色参数

color 或 c（颜色）参数	描 述 信 息
'b'　或 'blue'	蓝色
'g'　或 'green'	绿色
'r'　或 'red'	红色
'c'　或 'cyan'	青色
'm'　或 'magenta'	品红色
'y'　或 'yellow'	黄色
'k'　或 'black'	黑色
'w'　或 'white'	白色

黑色可以用 color='k'、color='black'、c='k'、c='black'4 种形式表示。

举例：以下两种均是正确的颜色设置方式。

```
plt.plot(age,height_b,color='b')     #男生蓝色
plt.plot(age,height_g,c='r')         #女生红色
```

（3）设置标记（marker）

在 matplotlib 绘图中使用 marker 参数可让图形中的采样点更加清晰突显。如用圆圈（o）或星号（*）表示采样点。常用的标记参数取值如表 11-4 所示。

表 11-4　常用的标记参数取值

marker（标记）参数	描 述 信 息
'.'	点 point
','	像素 pixel
'o'	圆 circle
'v'	下三角 triangle_down
'^'	上三角 triangle_up
'<'	左三角 triangle_left
'>'	右三角 triangle_right
's'	方块 square
'D'	菱形 diamond
'd'	瘦菱形 thin_diamond
'*'	五角星 pentagram

11.1.3　任务实现

【参考代码】

```
plt.rcParams['font.sans-serif'] = 'SimHei'  #解决中文显示问题
age = [7,8,9,10,11,12,13,14,15,16,17,18]
height_b = [131,132,134,135,140,145,151,158,167,172,175,181]
height_g = [130,132,135,138,143,147,154,159,164,165,166,168]
plt.plot(age,height_b,label='男生',c='b',linestyle='-.',marker='o')
plt.plot(age,height_g,label='女生',c='r',linestyle='--',marker='*')
```

```
plt.title('年龄-身高图')      #设置标题
plt.xlabel('年龄(岁)')
plt.ylabel('身高(cm)')
plt.grid()           #打网格
plt.legend()         #显示图例
plt.show()
```

【运行结果】运行结果如图 11-6 所示。

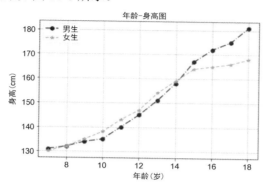

图 11-6　任务 1 运行结果（绘制两条曲线）

11.2　任务 2 男女生月消费饮料数量对比图——条形图

任务目标

➤ 掌握条形图的绘制
➤ 掌握 numpy 模块 arange 函数的使用方法
➤ 掌握条形图 bar 函数的调用
➤ 掌握 xticks 函数的使用

【任务描述】已知班级男女生每月消费奶茶、果汁、绿茶、矿泉水等 4 种饮料的数量如表 11-5 所示。绘制男女生月消费饮料数量对比条形图。

表 11-5　男女生月消费饮料数量

性　　别	奶茶（瓶）	果汁（瓶）	绿茶（瓶）	矿泉水（瓶）
男生	10	3	7	25
女生	32	4	2	3

【任务分析】可使用 matplotlib 中的 bar 函数先绘制简单的条形图，然后再逐渐融入知识点完善图形。

11.2.1　知识点：bar 绘制条形图

导入 matplotlib 库：

```
import matplotlib.pyplot as plt
```

bar 函数调用格式为

```
plt.bar(
    x,
    height,
    width=0.8
)
```

【参数解析】

x：条形的 x 坐标。

height：条形的高度。

width：条形的宽度。

【示例 1】某商店有香蕉（Banana）150kg、苹果（Apple）280kg、梨（Pear）100kg、桔子（又作橘子，Orange）130kg，绘制该商店水果库存图。

【分析】

（1）导入绘图库 matplotlib.pyplot。

```
import matplotlib.pyplot as plt
```

可使用如下两种方式配置显示中文简体：

```
plt.rcParams['font.family'] = 'SimHei'
plt.rcParams['font.sans-serif'] = 'SimHei'
```

（2）水果名称及重量列表数据。

```
fruit_class = ['Banana','Apple','Pear','Orange']
weight = [150,280,100,130]
```

（3）调用 bar 绘制条形图，把水果名称作为 x 参数，水果重量 weight 作为 height，宽度 width 设置为 0.3。

```
plt.bar(x=fruit_class,height=weight,width=0.3)
plt.show()
```

此时运行结果如图 11-7 所示。

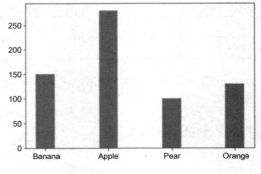

图 11-7　商店水果库存

（4）设置标题 title 和 y 坐标轴名称 ylabel。

```
plt.title('水果库存图')
plt.ylabel('重量(kg)')
```

【参考代码】

```
import matplotlib.pyplot as plt
plt.rcParams['font.family'] = 'SimHei'
#plt.rcParams['font.sans-serif'] = 'SimHei'
fruit_class = ['Banana','Apple','Pear','Orange']
weight = [150,280,100,130]
plt.bar(x=fruit_class,height=weight,width=0.3)
plt.title('水果库存图')
plt.ylabel('重量(kg)')
plt.show()
```

【运行结果】运行结果如图 11-8 所示。

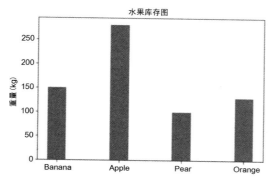

图 11-8　设置标题及坐标轴名称

11.2.2　任务实现

【分析】

（1）导入模块设置中文显示

```
import numpy as np
import matplotlib.pyplot as plt
plt.rcParams['font.family'] = 'SimHei'
```

（2）先绘制男生月消费饮料条形图

```
drink_class = ['奶茶','果汁','绿茶','矿泉水']
nums_boy = [10,3,7,25]                      #男生月消费各种饮料数据
bar_width = 0.3                             #条形宽度
x_boy = np.arange(len(drink_class))         #[0 1 2 3]条形的x坐标位置
plt.bar(x=x_boy,height=nums_boy,width=bar_width)
plt.show()
```

（3）绘制女生月消费饮料条形图

```
nums_girl = [32,4,2,3]                       #女生月消费各种饮料数量
```

```
x_boy = np.arange(len(drink_class))     #男生条形位置[0,1,2,3]
x_girl = x_boy + bar_width              #女生条形位置=男生条形位置+条形宽度
```

（4）在男生、女生条形中间位置标注各种饮料的名称

```
plt.xticks(x_boy + bar_width / 2,drink_class)
```

【参考代码】

```
import numpy as np
import matplotlib.pyplot as plt
plt.rcParams['font.family'] = 'SimHei'
drink_class = ['奶茶','果汁','绿茶','矿泉水']
nums_boy = [10,3,7,25]
nums_girl = [32,4,2,3]
bar_width = 0.3
x_boy = np.arange(len(drink_class))
x_girl = x_boy + bar_width
plt.bar(x=x_boy,height=nums_boy,width = bar_width,color='blue',
        label = '男性')
plt.bar(x=x_girl,height=nums_girl,width = bar_width,
        color='red',label ='女性')
plt.xticks(x_boy + bar_width / 2,drink_class)
plt.title('男女生月消费饮料对比图')
plt.ylabel('数量（瓶）')
plt.legend()
plt.show()
```

【运行结果】运行结果如图 11-9 所示。

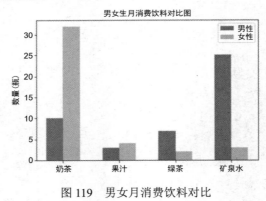

图 119   男女月消费饮料对比

11.3   任务 3 鸢尾花不同特征与种类的关系图——散点图

任务目标

➢ 掌握散点图的绘制

➢ 进一步熟悉鸢尾花数据集及各特征

➢ 掌握散点图 scatter 函数的调用

【任务描述】假设当前目录下有鸢尾花数据集文件 iris.csv，绘制不同特征与分类对应的关系图。

【任务分析】可使用 matplotlib 中的 scatter 函数先绘制花萼长度（Sepal.Length）、花萼宽度（Sepal.Width）与种类（Species）之间的散点图，也可以尝试绘制花瓣长度（Petal.Length）、花瓣宽度（Petal.Width）与种类（Species）之间的散点图。

11.3.1　知识点：scatter 绘制散点图

导入 matplotlib 库：

```
import matplotlib.pyplot as plt
```

scatter 函数定义格式为

plt.scatter(x,y,s=None,c=None,marker=None,cmap=None,alpha=Non,linewidths=None)

【参数说明】

x,y：数据，浮点数或类数组。

s：浮点或类数组，形状（n,），可选。默认值为 rcParams['lines.markrsize']**2。

c：类似数组或颜色列表，可选。

marker：标记参数。

cmap：字符串或颜色映射表。

alpha：透明度，浮点数，默认为 None，取值通常介于 0（透明）和 1（不透明）之间。

linewidths：线宽，浮点数或类数组。

11.3.2　任务实现

【步骤 1】加载查看鸢尾花数据集。

加载数据：使用 pandas 模块中的 read_csv 方法读取当前目录下的鸢尾花数据集文件。

查看数据：使用 head() 或 tail() 方法查看前/后 5 行数据。

【步骤 1 代码】

```
import pandas as pd
df = pd.read_csv(r'iris.csv')
print(df.shape)
df.head()
```

【步骤 1 结果】

(150, 6)

	Unnamed: 0	Sepal.Length	Sepal.Width	Petal.Length	Petal.Width	Species
0	1	5.1	3.5	1.4	0.2	setosa
1	2	4.9	3.0	1.4	0.2	setosa
2	3	4.7	3.2	1.3	0.2	setosa
3	4	4.6	3.1	1.5	0.2	setosa
4	5	5.0	3.6	1.4	0.2	setosa

【步骤 2】选取不同种类（Species）的样本数据。

df['Species'] == 'setosa' 返回布尔值 True 或 False，种类（Species）为'setosa'的样本返回 True，否则返回 False。

使用 df[df['Species'] == 'setosa']选出 df['Species'] == 'setosa'为 True 的样本，即种类为 setosa 的样本。

【步骤 2 代码】

```
x1 = df[df['Species'] == 'setosa']      #种类为 setosa 的样本 x1
x2 = df[df['Species'] == 'versicolor']#种类为 versicolor 的样本 x2
x3 = df[df['Species'] == 'virginica']  #种类为 virginica 的样本 x3
```

【步骤 3】选取各种类别前 30 个样本的花萼长度、花萼宽度数据。

'setosa'种类前 30 个样本分别为 x1[0:30]或 x1[:30]。

'setosa' 种类前 30 个样本的花萼长度、宽度分别为 x1[0:30]['Sepal.Length'] 和 x1[0:30]['Sepal.Width']。

【步骤 3 代码】

```
x1[0:30]['Sepal.Length']
x1[0:30]['Sepal.Width']
```

【步骤 4】绘制各种类别前 30 个样本的花萼长度、花萼宽度与种类的散点图。

参数 label 与 legend 函数配合显示图例。

【步骤 4 代码】

```
from matplotlib import pyplot as plt
plt.rcParams['font.family'] = 'SimHei' #支持中文显示
plt.scatter(x1[0:30]['Sepal.Length'],x1[0:30]['Sepal.Width'],
            marker='^',color='r',label='setosa（山鸢尾）')
plt.legend() #图例
plt.show()
```

【任务实现】

【参考代码 1】绘制花萼长度与花萼宽度特征的散点图。

```
import pandas as pd
from matplotlib import pyplot as plt
plt.rcParams['font.family'] = 'SimHei' #支持中文显示
df = pd.read_csv(r'iris.csv')
#选取不同种类的样本数据
x1 = df[df['Species'] == 'setosa']
x2 = df[df['Species'] == 'versicolor']
x3 = df[df['Species'] == 'virginica']
#分别绘制各种类前 30 个样本特征与种类的散点图
plt.scatter(x1[0:30]['Sepal.Length'],x1[0:30]['Sepal.Width'],
            marker='^',color='r',label='setosa（山鸢尾）')
plt.scatter(x2[0:30]['Sepal.Length'],x2[0:30]['Sepal.Width'],
```

```
                marker='s',color='g',label='versicolor（变色鸢尾）')
plt.scatter(x3[0:30]['Sepal.Length'],x3[0:30]['Sepal.Width'],
                marker='*',color='b',label='virginica（维吉尼亚鸢尾）')
plt.title('花萼长度与花萼宽度特征的散点图')
plt.xlabel('花萼长度（Sepal Length）')
plt.ylabel('花萼宽度（Sepal Width）')
plt.legend() #图例
plt.show()
```

【运行结果 1】花萼长度与花萼宽度特征的散点图，如图 11-20 所示。

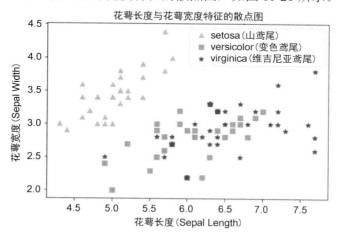

图 11-20　花萼长度与花萼宽度特征的散点图

【参考代码 2】绘制花瓣长度与花瓣宽度特征的散点图。

```
import pandas as pd
import matplotlib.pyplot as plt
plt.rcParams['font.family'] = 'SimHei'
df = pd.read_csv(r'iris.csv')
#选取不同种类的样本数据
x1 = df[df['Species'] == 'setosa']
x2 = df[df['Species'] == 'versicolor']
x3 = df[df['Species'] == 'virginica']
#分别绘制各种类前 40 个样本花瓣长度、宽度与种类的散点图
plt.scatter(x1[:40]['Petal.Length'],x1[:40]['Petal.Width'],
                marker='>',color='r',label='setosa（山鸢尾）')
plt.scatter(x2[:40]['Petal.Length'],x2[:40]['Petal.Width'],
                marker='d',color='g',label='versicolor（变色鸢尾）')
plt.scatter(x3[:40]['Petal.Length'],x3[:40]['Petal.Width'],
                marker='.',color='b',label='virginica（维吉尼亚鸢尾）')
plt.title('花瓣长度与花瓣宽度特征的散点图')
plt.xlabel('花瓣长度（Petal Length）')
plt.ylabel('花瓣宽度（Petal Width）')
plt.legend() #图例
plt.show()
```

【运行结果 2】花瓣长度与花瓣宽度特征的散点图，如图 11-21 所示。

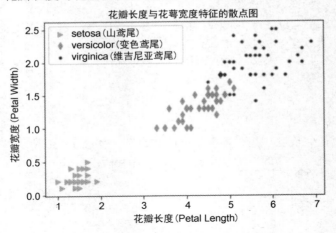

图 11-21　花瓣长度与花瓣宽度特征的散点图

11.4　任务 4 选修课程分析——饼图

任务目标

➢ 掌握饼图的绘制
➢ 掌握饼图 pie 函数的调用

【任务描述】班级有 40 名学生，每一名学生都要选修课程，选课结果是 9 名选修"信息检索"，18 名选修"电影赏析"，6 名选修"跆拳道"，7 名选修"茶文化"。试绘制各选修课选课人数对应的饼图。

【任务分析】可使用 matplotlib 中的 pie 函数绘制各选修课对应人数的饼图。

11.4.1　知识点：pie 绘制饼图

导入 matplotlib 库：

```
import matplotlib.pyplot as plt
```

pie 函数定义格式为

plt.pie(x,explode=None,labels=None,colors=None,autopct=None,shadow=False,radius=1)

【参数说明】

x：一维类数组。

explode：类数组，默认为 None，表示饼图子部分与饼图的关系，为 0 表示连在一起；不为 0 表示分离，其值大小表示分离程度。

labels：列表，默认为 None，表示为每个饼图子部分提供标签的字符串序列。

colors：类似数组或颜色列表，可选，默认为 None。

autopct：控制饼图各子部分的百分比设置。

shadow：阴影，布尔型，默认为 False，即无阴影。

radius：饼图的半径大小，浮点数，默认为 1。

11.4.2　任务实现

准备好各选修课选修人数的序列 x，如 x = [9,18,6,7]。

【步骤 1】绘制各选修课选修人数的最简饼图。

【步骤 1 代码】

```
import matplotlib.pyplot as plt
plt.rcParams['font.family'] = 'SimHei'
x = [9,18,6,7] #各选修课选修人数
plt.pie(x) #绘制最简饼图
plt.title('各选修课选修情况饼图')
plt.show()
```

【步骤 1 结果】运行结果如图 11-22 所示。

各选修课选修情况饼图

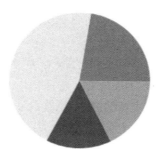

图 11-22　最简饼图

【步骤 2】为饼图各子部分添加标签。

```
courses_labels = ['信息检索','电影赏析','跆拳道','茶文化']
plt.pie(x,labels=courses_labels)
```

【步骤 2 结果】运行结果如图 11-23 所示。

各选修课选修情况饼图

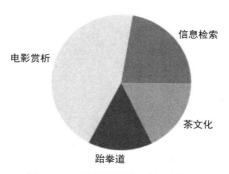

图 11-23　设置饼图各子部分标签

【步骤 3】为饼图各子部分添加百分比。

设置参数 autopct='%.2f%%'，即保留小数点后 2 位。其中，'%.nf'表示浮点数，小数点后

保留 n 位。两个%表示一个%，即%%表示%。

【步骤 3 代码】

```
plt.pie(x,labels=courses_labels,autopct='%.2f%%')
```

【步骤 3 结果】运行结果如图 11-24 所示。

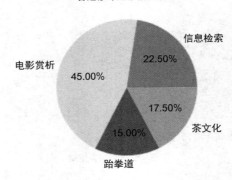

图 11-24　设置饼图各子部分百分比

【步骤 4】绘制饼图子部分分离程度及阴影。

使用 explode 参数设置各子部分分离程度，为 0 表示不分离；不为 0 表示分离，其值大小表示分离程度。例如 explode = [0,0,0,0.1]，前三项均为 0，表示"信息检索"、"电影赏析"、"跆拳道"这三门选修课对应的子部分不分离；第四项为 0.1，表示"茶文化"选修课对应的子部分分离。

设置参数 shadow=True，表示显示阴影。

【步骤 4 代码】

```
explode = [0,0,0,0.1]
plt.pie(x,labels=courses_labels,autopct='%.2f%%',
        explode=explode,shadow=True)
```

【步骤 4 结果】运行结果如图 11-25 所示。

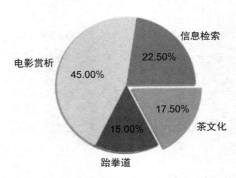

图 11-25　设置饼图各子部分分离程度及阴影

【步骤 5】设置饼图大小。

通过半径 radius 设置饼图大小，默认为 1。

【参考代码】

```
import matplotlib.pyplot as plt
plt.rcParams['font.family'] = 'SimHei'
x = [9,18,6,7]
explode = [0,0,0,0.1]
courses_labels = ['信息检索','电影赏析','跆拳道','茶文化']
plt.pie(x,explode=explode,labels=courses_labels,
        autopct='%.2f%%',shadow=True,radius=1.2)
plt.title('各选修课选修情况饼图')
plt.show()
```

【运行结果】运行结果如图 11-26 所示。

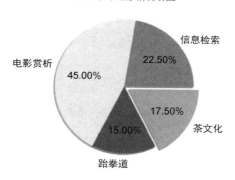

图 11-26　各选修课选修情况

11.5　项目实施

假设当前目录下有 2010～2022 年人口和经济 Excel 表格文件 Population_Economy.xlsx，如图 11-27 所示。

年份（年）	2010	2011	2012	2013	2014	2015	2016	2017	2018	2019	2020	2021	2022
全国出生人数（万人）	1596	1640	1635	1640	1687	1655	1883.2	1764.8	1523	1465	1202.1	1062	956
全国死亡人数（万人）	953	960	966	972	977	975	977	986	993	998	997.6	1014	1041
人均可支配收入（万元）	1.25	1.46	1.65	1.83	2.02	2.2	2.38	2.6	2.82	3.07	3.22	3.51	3.69
人均消费性支出（万元）	0.94	1.08	1.21	1.32	1.45	1.57	1.71	1.83	1.99	2.16	2.12	2.41	2.45

图 11-27　部分人口和经济 Excel 表格数据

【步骤 1】加载显示数据文件。

使用 pandas 模块的 read_excel 文件加载数据文件。

【步骤 1 代码】

```
import pandas as pd
df = pd.read_excel(r'Population_Economy.xlsx')
df
```

【步骤 1 结果】

年份（年）	2010	2011	2012	2013	2014	2015	2016	2017	2018	2019	2020	2021	2022
0 全国出生人数（万人）	1596.00	1640.00	1635.00	1640.00	1687.00	1655.00	1883.20	1764.80	1523.00	1465.00	1202.10	1062.00	956.00
1 全国死亡人数（万人）	953.00	960.00	966.00	972.00	977.00	975.00	977.00	986.00	993.00	998.00	997.60	1014.00	1041.00
2 人均可支配收入（万元）	1.25	1.46	1.65	1.83	2.02	2.20	2.38	2.60	2.82	3.07	3.22	3.51	3.69
3 人均消费性支出（万元）	0.94	1.08	1.21	1.32	1.45	1.57	1.71	1.83	1.99	2.16	2.12	2.41	2.45

【步骤 2】设置"年份（年）"为索引。

【步骤 2 代码】

```
df = df.set_index('年份（年）')
df
```

【步骤 2 结果】

年份（年）	2010	2011	2012	2013	2014	2015	2016	2017	2018	2019	2020	2021	2022
全国出生人数（万人）	1596.00	1640.00	1635.00	1640.00	1687.00	1655.00	1883.20	1764.80	1523.00	1465.00	1202.10	1062.00	956.00
全国死亡人数（万人）	953.00	960.00	966.00	972.00	977.00	975.00	977.00	986.00	993.00	998.00	997.60	1014.00	1041.00
人均可支配收入（万元）	1.25	1.46	1.65	1.83	2.02	2.20	2.38	2.60	2.82	3.07	3.22	3.51	3.69
人均消费性支出（万元）	0.94	1.08	1.21	1.32	1.45	1.57	1.71	1.83	1.99	2.16	2.12	2.41	2.45

【步骤 3】对 df 进行转置 df.T。

【步骤 3 代码】

```
df = df.T
df
```

【步骤 3 结果】

年份（年）	全国出生人数（万人）	全国死亡人数（万人）	人均可支配收入（万元）	人均消费性支出（万元）
2010	1596.0	953.0	1.25	0.94
2011	1640.0	960.0	1.46	1.08
2012	1635.0	966.0	1.65	1.21
2013	1640.0	972.0	1.83	1.32
2014	1687.0	977.0	2.02	1.45
2015	1655.0	975.0	2.20	1.57
2016	1883.2	977.0	2.38	1.71
2017	1764.8	986.0	2.60	1.83
2018	1523.0	993.0	2.82	1.99
2019	1465.0	998.0	3.07	2.16
2020	1202.1	997.6	3.22	2.12
2021	1062.0	1014.0	3.51	2.41
2022	956.0	1041.0	3.69	2.45

【步骤 4】绘制 2010～2022 年出生和死亡人数变化折线图。

【步骤 4 代码】

```
import pandas as pd
import matplotlib.pyplot as plt
plt.rcParams['font.family'] = 'SimHei'    #显示中文
```

```
df = pd.read_excel(r'Population_Economy.xlsx')  #读取文件
df = df.set_index('年份（年）')   #重新设置索引
df = df.T    #转置
X = df.index   #年份
Y1 = df['全国出生人数（万人）']
Y2 = df['全国死亡人数（万人）']
plt.plot(X,Y1,marker='v',c='g',label='出生人数')
plt.plot(X,Y2,marker='o',c='r',label='死亡人数')
plt.title('2010～2022年全国出生和死亡人数趋势图')
plt.xlabel('年份')
plt.ylabel('人数（万）')
plt.grid()     #网格
plt.legend()
plt.show()
```

【步骤 4 结果】绘制 2010～2022 年全国出生和死亡人数趋势图，如图 11-28 所示。

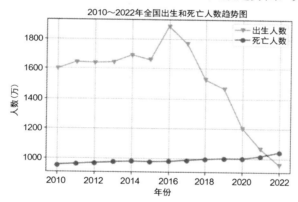

图 11-28　2010～2022 年全国出生和死亡人数趋势图（折线）

【步骤 5】绘制 2010～2022 年出生和死亡人数变化条形图。
【步骤 5 代码】

```
import numpy as np
import matplotlib.pyplot as plt
plt.rcParams['font.family'] = 'SimHei'
X = df.index  #年份
num_new = df['全国出生人数（万人）']
num_dead = df['全国死亡人数（万人）']
bar_width = 0.3
x_new = np.arange(X.size)
x_dead = x_new + bar_width
plt.bar(x=x_new,height=num_new,width=bar_width,color='blue',label='出生')
plt.bar(x=x_dead,height=num_dead,width=bar_width,color='red',label='死亡')
```

```
plt.xticks(x_new+bar_width/2,X)
plt.title('2010~2022 年全国出生和死亡人数趋势图')
plt.xlabel('年份')
plt.ylabel('人数（万）')
plt.legend()
plt.show()
```

【步骤 5 结果】绘制 2010~2022 年出生和死亡人数趋势图，如图 11-29 所示。

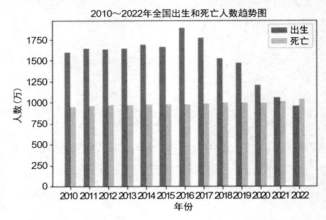

图 11-29　2010~2022 年全国出生和死亡人数趋势图（条形）

【步骤 6】绘制 2010~2022 年人均可支配收入和消费性支出趋势图。

【步骤 6 代码】

```
import pandas as pd
import matplotlib.pyplot as plt
plt.rcParams['font.family'] = 'SimHei'  #显示中文
df = pd.read_excel(r'Population_Economy.xlsx')  #读取文件
df = df.set_index('年份（年）')   #重新设置索引
df = df.T    #转置
X = df.index   #年份
Y1 = df['人均可支配收入（万元）']
Y2 = df['人均消费性支出（万元）']
plt.plot(X,Y1,marker='v',label='人均可支配收入',c='g')
plt.plot(X,Y2,marker='o',label='人均消费性支出',c='r')
plt.title('2010~2022 年人均可支配收入和消费性支出趋势图')
plt.xlabel('年份')
plt.ylabel('金额（万元）')
plt.grid()     #网格
plt.legend()
plt.show()
```

【步骤 6 结果】绘制 2010～2022 年人均可支配收入和消费性支出趋势图，如图 11-30 所示。

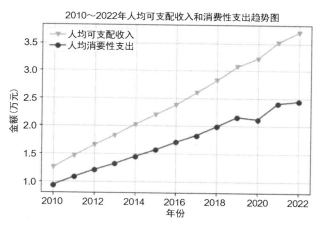

图 11-30　2010～2022 年人均可支配收入与消费性支出趋势图（折线）

【步骤 7】绘制 2010～2022 年人均可支配收入和消费性支出条形图。

【步骤 7 代码】

```
import numpy as np
import matplotlib.pyplot as plt
plt.rcParams['font.family'] = 'SimHei'
X = df.index  #年份
num_in = df['人均可支配收入（万元）']    #收入
num_out = df['人均消费性支出（万元）']  #支出
bar_width = 0.3
x_in = np.arange(X.size)      #收入条形的横坐标
x_out = x_new + bar_width    #支出条形的横坐标
plt.bar(x=x_in,height=num_in,width = bar_width,color='g',
        label = '人均可支配收入')
plt.bar(x=x_out,height=num_out,width = bar_width,color='r',
        label ='人均消费性支出')
#在收入和支出条形中心打上"年份"标记，如 2010
plt.xticks(x_new + bar_width / 2,X)
plt.title('2010～2022 年人均可支配收入和消费性支出趋势图')
plt.xlabel('年份')
plt.ylabel('金额（万元）')
plt.legend()
plt.show()
```

【步骤 7 结果】绘制 2010～2022 年人均可支配收入和消费性支出趋势图，如图 11-31 所示。

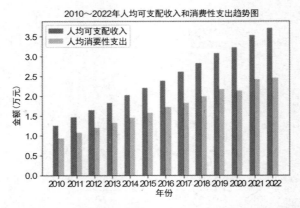

图 11-31　2010～2022 年人均可支配收入和消费性支出趋势图（条形）

11.6　项目小结

本项目主要介绍了使用 matplotlib 模块绘制折线图、条形图、散点图和饼图等。
主要知识点梳理如表 11-6 所示。

表 11-6　主要知识点梳理

知　识　点	示　例	说　明
折线图	（1）plot(y)：横坐标默认 0···N-1 plt.plot([5,3,7,6]) （2）plot(x,y)： x = [1,2,3] y = np.array([[1,2],[3,4],[5, 6]]) plot(x,y)	
条形图	（1）plt.bar(x,height,width=0.8)：垂直条形图 （2）plt.barh(y,width,height=0.8)：水平条形图	barh 中的 h 为"水平"英文 horizontal 的首字母
散点图	plt.scatter(x,y,marker=None,cmap=None,alpha=Non,linewidths=None)	通常通过标记和颜色区分不同类型的散点
饼图	plt.pie(x,explode=None,labels=None,colors=None,autopct=None,shadow=False,radius=1)	explode：离心度参数 autopct：可设置数值显示百分数
常用参数及取值	线型参数 linestyle： character　　　　　description ======================== '-'　　　　　solid line style '--'　　　　　dashed line style '-.'　　　　　dash-dot line style ':'　　　　　dotted line style	

知　识　点	示　　例	说　　明
常用参数及取值	标记参数 marker: character　　　　description ══════════════════ 　'.'　　　　　point marker 　','　　　　　pixel marker 　'o'　　　　　circle marker 　'v'　　　triangle_down marker 　'^'　　　triangle_up marker 　'<'　　　triangle_left marker 　'>'　　　triangle_right marker 　'1'　　　　tri_down marker 　'2'　　　　tri_up marker 　'3'　　　　tri_left marker 　'4'　　　　tri_right marker 　's'　　　　square marker 　'p'　　　　pentagon marker 　'P'　　　　plus (filled) marker 　'*'　　　　star marker 　'h'　　　　hexagon1 marker 　'H'　　　　hexagon2 marker 　'+'　　　　plus marker 　'x'　　　　x marker 　'X'　　　　x (filled) marker 　'D'　　　　diamond marker 　'd'　　　　thin_diamond marker	
	颜色参数 color 或 c: character　　　　color ══════════════════ 　'b'　　　　blue 　'g'　　　　green 　'r'　　　　red 　'c'　　　　cyan 　'm'　　　　magenta 　'y'　　　　yellow 　'k'　　　　black 　'w'　　　　white	

习题 11

理论知识

一、填空

1．matplotlib.pyplot 设置标题的方法名为＿＿＿＿＿＿，设置 x 轴的标签的方法名为

＿＿＿＿＿＿。

2．matplotlib.pyplot 绘制垂直条形图的方法名为＿＿＿＿＿，绘制水平条形图的方法名为＿＿＿＿＿。

3．matplotlib.pyplot 绘制饼图的方法名为＿＿＿＿＿。

二、判断题

1．pyplot 模块中，绘制条形图可以用 bar 或者 barh。（　　　）

2．pyplot 模块的 title()函数可以设置绘图区的标题。（　　　）

3．pyplot 模块 bar 方法用于绘制水平条形图。（　　　）

三、选择题

1．matplotlib 是（　　　）。
    A．一种图形处理库　　　　　　　　　　B．一种音频处理库
    C．一种文本处理库　　　　　　　　　　D．一种网络处理库

2．下列正确引入 matplotlib 库中的 pyplot 模块的方式是（　　　）。
    A．from matplotlib import pyplot as plt　　B．import pyplot from matplotlib
    C．import matplotlib_pyplot as plt　　　　D．import pyplot.matplotlib as plt

3．在 matplotlib 中，以下哪个函数用于绘制折线图？（　　　）
    A．plot()　　　　　　B．scatter()　　　　　C．hist()　　　　　　D．bar()

4．在 Matplotlib 中，以下哪个函数用于绘制散点图？（　　　）
    A．plot()　　　　　　B．scatter()　　　　　C．hist()　　　　　　D．bar()

5．在 Matplotlib 中，以下哪个函数用于设置图例？（　　　）
    A．title()　　　　　　B．xlabel()　　　　　C．ylabel()　　　　　D．legend()

四、简答题

1．通常在什么场景下要求绘制散点图，并举例说明？

2．列举常见的线型 linestyle、标记 marker 和颜色 color 的取值和含义。

上机实践

1．查找近 10 年考研人数及录取人数相关数据，绘制报考及录取人数趋势的折线图和条形对比图。

2．根据自身一天 24 小时时间分配情况（如睡眠、进餐、学习、运动、发呆、其他），绘制时间分配饼图。

3．编制班级学生成绩的 Excel 表格数据（包括语文、数学、外语成绩），使用 pandas 模块的 read_excel 函数读取数据。

（1）分别计算班级三门课程的平均分。

（2）使用 pandas 模块 groupby 函数分别统计男女生三门课的平均成绩。

（3）在一张图上绘制三门课的条形图，每门课包括 3 条柱，分别为男生该课平均分、全班该课平均分和女生该课平均分。要求显示图例。

附录 A　Anaconda 集成开发环境搭建

Anaconda（水蚺、大蟒蛇），是一个开源的Python发行版本，其包含了大量的科学包及其依赖项，如numpy、pandas等，在 Anaconda 中不需要额外安装即可使用，给开发者带来极大方便。Anaconda 安装包中包括了比较流行的网页式 Python 集成开发环境 Jupyter Notebook。

本附录主要从 Anaconda 下载、Anaconda 安装、Anaconda 环境变量配置、检验 Anaconda 是否安装配置成功、使用 Jupyter Notebook 进行 Python 开发等 5 个方面进行分步演示。

1．Anaconda 下载

（1）打开 Anaconda 官网下载页面。点击"Skip registration"跳过注册，如图 A-1 所示。

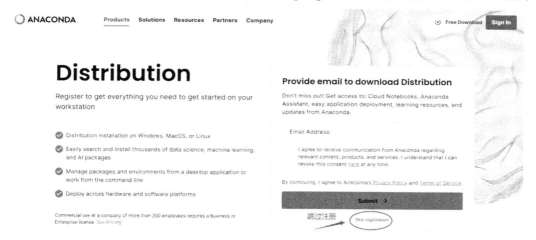

图 A-1

（2）根据自己计算机的操作系统（Windows/Mac/Linux）选择相应的 Anaconda 安装版本（这里以 Windows 为例），点击"64-Bit Graphical Installer（904.4M）"下载，如图 A-2 所示。

图 A-2

也可以直接通过国内镜像网站下载对应版本，如清华大学镜像。

（3）下载完成后找到所下载的安装程序文件，如图 A-3 所示。

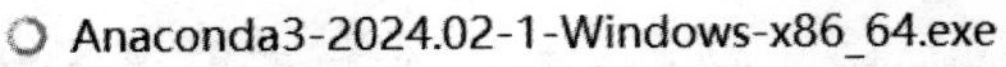

○ Anaconda3-2024.02-1-Windows-x86_64.exe

图 A-3

2．Anaconda 安装

（1）双击安装程序，进入安装向导界面，如图 A-4 所示，点击"Next"按钮。

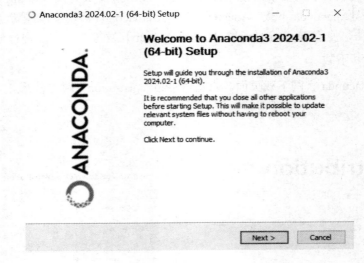

图 A-4

（2）在打开的页面中点击"I Agree"按钮，如图 A-5 所示。

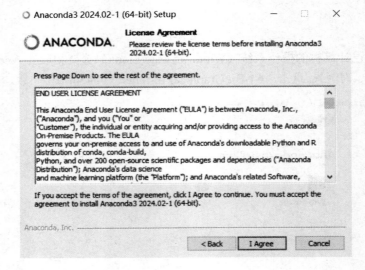

图 A-5

（3）在打开的页面中选择默认"Just Me（recommended）"，并点击"Next"按钮，如图 A-6 所示。

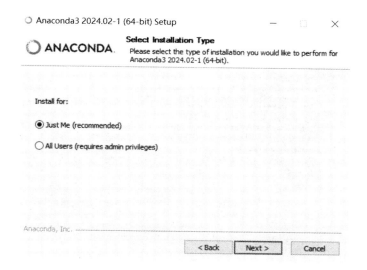

图 A-6

（4）在打开的页面中，选择安装目录，可以默认或指定，本示例选择修改安装到"C:\Anaconda3"目录下，然后点击"Next"按钮，如图 A-7 所示。

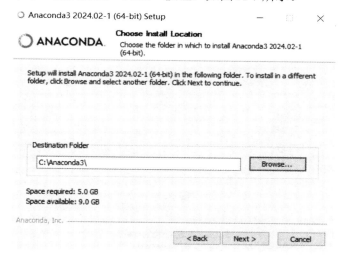

图 A-7

（5）在打开的页面中，建议勾选第 1、第 3 两项，并点击"Install"按钮开始安装，如图 A-8 所示。

第 1 项：创建开始快捷方式，建议勾选。

第 2 项：自动将 Anaconda3 添加到 PATH 环境变量中，官方不建议勾选（如果不勾选则需要通过手动添加环境变量）。

第 3 项：将注册的 Anaconda3 作为默认的 Python 3.11，建议勾选。

第 4 项：完成后清除包缓存。

（6）进入安装进度页面，进度完成，点击"Next"按钮，如图 A-9 所示。

（7）在打开的页面中直接点击"Next"按钮，如图 A-10 所示。

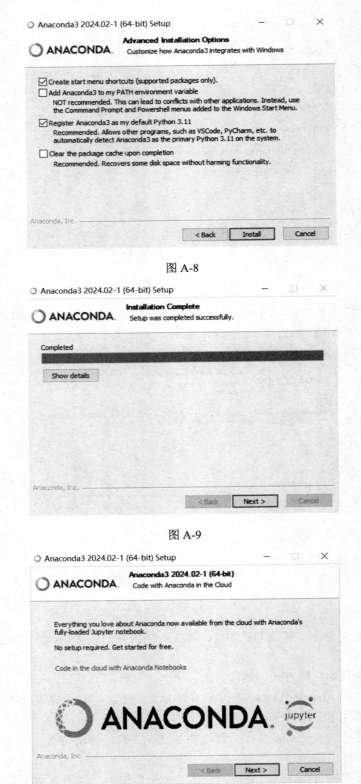

图 A-8

图 A-9

图 A-10

（8）在打开的页面中点击"Finish"按钮，完成安装，如图 A-11 所示。

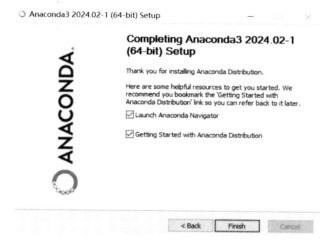

图 A-11

3．Anaconda 环境变量配置

（1）以 Windows10 为例，依次打开"控制面板"->"系统和安全"->"系统"->"高级系统设置"，在打开的页面中，点击"环境变量"按钮，如图 A-12 所示。

图 A-12

（2）在打开的"环境变量"对话框的"系统变量"栏中找到并双击"Path"变量，如图 A-13 所示。

（3）打开"编辑环境变量"对话框，点击"新建"按钮编辑环境变量，如图 A-14 所示。

将 Anaconda 对应安装目录下的 5 个目录添加到环境变量中，点击"确定"按钮，返回"环境变量"对话框再点击"确定"按钮。

图 A-13

C:\Anaconda3

C:\Anaconda3\Scripts

C:\Anaconda3\Library\bin

C:\Anaconda3\Library\usr\bin

C:\Anaconda3\Library\mingw-w64\bin

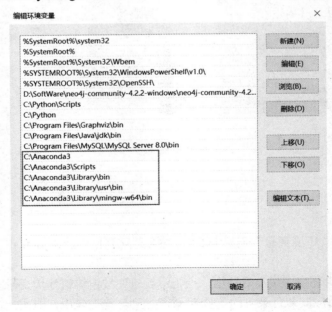

图 A-14

至此，Anaconda 环境变量配置完成。

4．检验 Anaconda 是否安装配置成功

1）方法 1

（1）在"开始"菜单中，找到"Anaconda3（64-bit）"下的"Anaconda Prompt（Anaconda3）"，右击，在弹出的快捷菜单中选择"更多"->"以管理员身份运行"命令，如图 A-15 所示。

图 A-15

（2）在打开的 Anaconda Prompt 中输入 conda list，查看已经安装的包名和版本号，如图 A-16 所示。结果可以正常显示，则说明安装成功。

```
■ 管理员: Anaconda Prompt (Anaconda3)

(base) C:\WINDOWS\system32>conda list
# packages in environment at C:\Anaconda3:
#
# Name                    Version                   Build  Channel
_anaconda_depends         2024.02                  py311_mkl_1
abseil-cpp                20211102.0               hd77b12b_0
aiobotocore               2.7.0                    py311haa95532_0
aiohttp                   3.9.3                    py311h2bbff1b_0
aioitertools              0.7.1                    pyhd3eb1b0_0
aiosignal                 1.2.0                    pyhd3eb1b0_0
alabaster                 0.7.12                   pyhd3eb1b0_0
altair                    5.0.1                    py311haa95532_0
anaconda-anon-usage       0.4.3                    py311hfc23b7f_100
anaconda-catalogs         0.2.0                    py311haa95532_0
anaconda-client           1.12.3                   py311haa95532_0
anaconda-cloud-auth       0.1.4                    py311haa95532_0
anaconda-navigator        2.5.2                    py311haa95532_0
anaconda-project          0.11.1                   py311haa95532_0
anyio                     4.2.0                    py311haa95532_0
aom                       3.6.0                    hd77b12b_0
appdirs                   1.4.4                    pyhd3eb1b0_0
archspec                  0.2.1                    pyhd3eb1b0_0
argon2-cffi               21.3.0                   pyhd3eb1b0_0
argon2-cffi-bindings      21.2.0                   py311h2bbff1b_0
arrow                     1.2.3                    py311haa95532_1
arrow-cpp                 14.0.2                   ha81ea56_1
astroid                   2.14.2                   py311haa95532_0
astropy                   5.3.4                    py311hd7041d2_0
asttokens                 2.0.5                    pyhd3eb1b0_0
```

图 A-16

2）方法 2

（1）打开命令提示符窗口，并输入"conda --version"，按 Enter 键，显示对应的版本信息如图 A-17 所示。

```
■ 命令提示符

Microsoft Windows [版本 10.0.18363.1379]
(c) 2019 Microsoft Corporation。保留所有权利。

C:\Users\海洋>conda --version
conda 24.1.2

C:\Users\海洋>
```

图 A-17

（2）输入"conda info"按 Enter 键，显示如图 A-18 所示信息，说明安装配置成功。

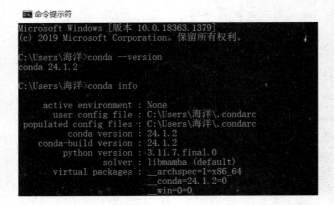

图 A-18

（3）输入"python"并按 Enter 键，可查看 Anaconda 自带的 Python 解释器版本信息。至此，已成功安装并配置 Anaconda3 环境变量。

5．使用 Jupyter Notebook 进行 Python 开发

1）启动 Jupyter Notebook
（1）方法 1。
可在"开始"菜单"Anaconda3（64-bit）"下找到并打开"Jupyter Notebook（Anaconda3）"，如图 A-19 所示。

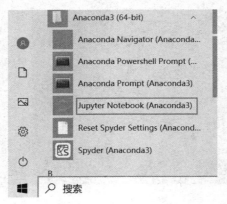

图 A-19

（2）方法 2。
在命令提示符窗口中输入"Jupyter notebook"并按 Enter 键，如图 A-20 所示，会自动跳转到 Jupyter notebook 网页开发界面。

2）新建 Notebook 开发页面
依次选择"New"->"Notebook"命令，如图 A-21 所示。

3）编辑运行代码
先选择"Code"模式，然后在输入框中输入代码，并点击"运行"按钮，便可查看程序运行结果，如图 A-22 所示。

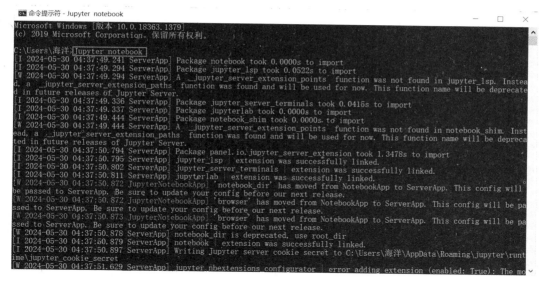

图 A-20

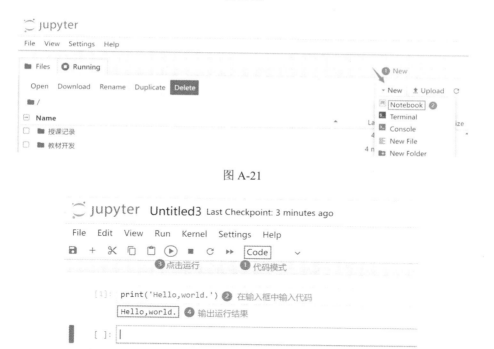

图 A-21

图 A-22

　　至此，完成了安装配置 Anaconda，并通过 Anaconda 中的 Jupyter Notebook 集成开发环境进行 Python 程序开发的示例。

期末自测试卷 A

题号	一	二	三	四	五	总分
得分						

一、填空题（共 10 空，每空 1 分，共 10 分）

1. print(2025,10,1,sep='/')的输出结果是_____。

2. pandas 模块的两大数据结构分别是_____和_____。

3. Python 中退出所在层循环的关键字是_____。

4. list(range(0,9,3))的结果是_____。

5. Python 使用_____关键字自定义一个函数。

6. Python 中自定义异常需要继承_____类。

7. 有如下代码：

```
import numpy as np
a = np.array([[1,2,3,4,5,6,7,8],
              [9,10,11,12,13,14,15,16],
              [17,18,19,20,21,22,23,24]])
```

则 print(a[2,6])=_____，print(a[:2,2:4])=_____，print(a[:,[1,3]])=_____。

二、判断题（共 10 题，每题 1 分，共 10 分）

1. Python 属于面向过程编程语言。（   ）

2. print('2025' + '1')的输出结果是'2026'。（   ）

3. input()函数接收数据后，均返回字符串类型数据。（   ）

4. 元组的索引从 1 开始。（   ）

5. s = 'hello,world.' 则 'ox' not in s 返回 True。（   ）

6. sort()函数可对列表按降序排序；而 sort(reverse=True)则按升序排序。（   ）

7. 同一文件的不同函数中不可以定义同名的变量。（   ）

8. 调用 write 方法写入文件时，新写入的数据默认会追加到原文件数据的末尾。（   ）

9. 封装、继承、多态是面向对象编程的三大特征。（   ）

10. Python 中可以使用 raise 主动抛出指定异常。（   ）

三、单项选择题（共 15 题，每题 2 分，共 30 分）

1. 以下语法正确的是（   ）。

A. from math import sqrt

   math.sqrt(5)

B． from math import sqrt

sqrt(5)

C． import sqrt from math

sqrt(5)

D． from math import fabs　#fabs 求绝对值函数，返回浮点型绝对值

math.fabs(-2.1)

2． 下面哪个是 Python 合法的标识符（　　）。

A． user_age　　　　　　B． 5_a　　　　　　C． class　　　　　　D． $money

3． 如下程序的输出结果是（　　）。

```
sc = input('输入成绩：')  # 输入 58 回车
sc += 2
print(f'score={sc}')
```

A． score=60　　　　　B． score= 60　　　　C． 'score=60'　　　D． 程序抛出异常

4． 有字符串 s = 'hello,world.'则如下正确的是（　　）。

A． s[1] 输出'h'　　　　　　　　　　B． s[-1] 输出'd'

C． s[1:4] 输出'ello'　　　　　　　　D． s[::2] 输出'hlowrd'

5． 如下字符串表示错误的是（　　）。

A． s = 'I'm Li Lei'　　　　　　　　　B． s = "I\'m Li Lei"

C． s = 'I\'m Li Lei'　　　　　　　　　D． s = "It\'s a book"

6． 下列选项中，运行能够输出 1 2 3 4 的是（　　）。

A．

```
for i in range(4):
    print(i,end=' ')
```

B．

```
for i in range(3):
    print(i + 1,end=' ')
```

C．

```
nums = [0,1,2,3]
for i in nums:
    print(i + 1,end=' ')
```

D．

```
i = 1
while i < 4:
    print(i,end=' ')
    i += 1
```

7． 阅读下面的代码

```
s = 0
for i in range(10):
    if i % 5 == 0:
```

```
    continue
  s = s + i
print(s)
```

上述程序的执行结果是（　　　）。

A. 10　　　　　　　　　B. 40　　　　　　　C. 45　　　　　　　D. 5

8. 请看下面的一段程序：

```
def info(age=18,name):
    print("%s 的年龄为%d" % (name,age))
info(28,'小明')
```

运行程序，最终输出的结果为（　　　）。

A. 小明的年龄为 28　　　　　　　　　B. 小明的年龄为 18

C. 28 的年龄为小明　　　　　　　　　D. 程序出现错误

9. 若使用 open()方法打开一个不存在的文件会抛出"FileNotFoundError"异常，那么该文件的打开模式是下列哪种（　　　）。

A. r　　　　　　　　　B. w　　　　　　　C. a　　　　　　　D. w+

10. 下列说法正确的是（　　　）。

A. 封装、继承、多线程是面向对象编程的三大特性。

B. 类中实例方法的第一个参数通常为 self。

C. 类属性只能"类名.类属性名"方式调用，不能"实例名.类属性名"方式调用。

D. 类继承中，子类中不能自定义和父类中同名的属性和方法，否则报错。

11. 下列方法中，在构造类的对象时，负责初始化对象属性的是（　　　）。

A. __add__()　　　　　B. __str__()　　　　C. __del__()　　　　D. __init__()

12. 下面代码能正常执行的是（　　　）。

```
class Dog():
    def __init__(self,name):
        self.name = name
    def shout(self):
        print(f'大家好,我叫{self.name},旺仔~~')
```

A. dog = Dog('小花')

　　dog .shout()

B. dog = Dog()

　　dog .shout('小花')

C. dog = Dog

　　dog .shout()

D. dog = Dog('小花')

　　shout()

13. 在 Python 异常捕获中，各子句的顺序为（　　　）。

A. try-except-finally　　　　　　　　　B. try-catch-finally

C. try-finally-else　　　　　　　　　　D. catch-else-finally

14. 下列有关异常说法正确的是（　　　）。

A. 如果包含 finally 子句，那么该子句在任何情况下都会执行

B. 3/0 会抛出 ValueError 值异常

C. 若程序中抛出异常，则该程序一定会终止执行

D. try-except 结构中只能含有一个 except 子句

15. 在 matplotlib 中，以下哪个函数用于设置图例（　　　）。

A. title()　　　　　　B. xlabel()　　　　　C. ylabel()　　　　　D. legend()

四、程序分析题（共 5 题，每题 3 分，共 15 分）

1. 阅读以下程序，输出其运行结果。

```
a = 3
b = 5
if a > b:
    print('{}大于{}'.format(a,b))
elif a == b:
    print('{}等于{}'.format(a,b))
else:
    print('{}小于{}'.format(a,b))
```

2. 阅读以下程序，输出其运行结果。

```
rst = map(lambda a:a * 3 + 2,range(1,5))
print(tuple(rst))
```

3. 阅读以下程序，输出其运行结果。

```
a = []
for n in range(20):
    if n % 5 == 0 and n % 3 != 0:
        a.append(n)
print(a)
```

4. 阅读以下程序，输出其运行结果。

```
a = 1
def f():
    a = 2
    print(a)

def g():
    global a
    a = 3
    print(a)
```

```
if __name__ == '__main__':
    f()
    g()
    print(a)
```

5. 阅读以下程序，输出其运行结果。

```
class Test:
    n = 21
    def print_num(self):
        n = 20
        print(self.n)
        self.n += 10
        print(self.n)
        print(Test.n)


test = Test()
test.print_num()
```

五、设计题（共 7 题，每题 5 分，共 35 分）

1. 编写程序，要求用户从键盘输入圆的半径，计算并输出圆的周长和面积。要求：圆周率使用 math.pi，周长和面积均保留小数点后 3 位。

输入样例：

输入半径:6.5

输出样例：

半径:6.5,周长:40.841,面积:132.732

2. 编写程序，根据成绩判断并输出对应等级，0～59 分为"不合格"，60～89 分为"合格"，90～100 分为"优秀"，其他为"输入有误"。

3. 编写程序，打印 100～999 之间的所有水仙花数，已知水仙花数各位数字的立方和等于该数本身，如 153 是水仙花数，$1^3 + 5^3 + 3^3 = 153$。

4. 编写程序，读取当前目录下的文本文件 file.txt，输出该文件中所有以#开头的行。

5. 定义学生类，包括姓名、年龄、成绩（语文，数学，英语，体育)等属性，包括获取姓名 getName、获取年龄 getAge、获取 4 门成绩最高分和平均分（保留小数点后 2 位）的 getScore 等成员方法，创建对象，并验证程序功能。

6. 定义三角形类，输入三个数据，以这三个数据为边长，判断能否构成三角形，如果能，计算并输出三角形的面积，否则，抛出异常（自定义异常）。假设三角形三条边分别为 a、b、c，则周长的一半 s = (a + b + c)/2，面积 area = $\sqrt{s*(s-a)*(s-b)*(s-c)}$。math 模块中的 sqrt()函数可实现开根号功能。

7. 分别在 7，9，13，15，18 和 20 岁时采集男女生的平均身高（单位 cm），数据如列表 h_boy 和 h_girl 所示。

```
h_boy = [130,145,163,173,178,182]
h_girl = [133,148,165,166,167,168]
```

编程实现如下绘图（男生蓝色，女生红色）。要求包括 x、y 坐标轴名称，标题及图例。

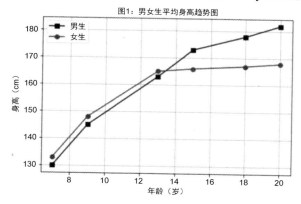

图1：男女生平均身高趋势图

期末自测试卷 B

题号	一	二	三	四	五	总分
得分						

一、填空题（共 10 空，每空 1 分，共 10 分）

1. 执行 print('Hello'+','+'2025') 的输出结果是_____。

2. [x   for x in range(1,20) if x % 3 != 0 and x % 4 == 0] 的结果是_____。

3. 设 s = 'hello world'，则 s[6] 值是_____，s[1:7:2] 值是_____，s[:5] 值是_____。

4. Python 使用_____关键字可以将局部变量声明为全局变量。

5. 面向对象的三大特性是封装、_____和多态。

6. 有如下代码：

```
import numpy as np
arr = np.array([[1,2,3,4,5],[6,7,8,9,10],[11,12,13,14,15]])
```

则 arr.ndim=_____，arr.size=_____，arr.shape=_____。

二、判断题（共 10 题，每题 1 分，共 10 分）

1. print('2'*3) 的输出结果是 '6'。（   ）
2. s[::-1] 的功能是对字符串 s 反向取整个串。（   ）
3. 函数 eval() 用于数值表达式求值，例如 eval('2*3+1') 值为 7。（   ）
4. pandas 是可以对数据进行分析处理的模块。（   ）
5. if-elif 多分支结构中必须包含 else 分支，否则报语法错误。（   ）
6. 执行了 from math import sqrt 后，即可执行语句 print(math.sqrt(5))。（   ）
7. strip() 方法默认会删除字符串头、尾的空格。（   ）
8. Python 中子类不允许定义与父类同名的方法。（   ）
9. 字典中的键唯一，且只能为字符串类型，不能为数字。（   ）
10. Python 中类的继承只能单重继承，不允许多重继承。（   ）

三、单项选择题（共 15 题，每题 2 分，共 30 分）

1. 下面不属于 Python 特性的是（   ）。
A. 简单易学   B. 开源免费   C. 可移植性   D. 面向过程语言

2. 下面哪个不是 Python 合法的标识符（   ）。
A. int64   B. 2025year   C. self   D. __name__

3. 以下能导入 matplotlib 库中 pyplot 模块并命名为 plt 的是（   ）。

A. import pyplot as plt   B. from matplotlib import pyplot as plt

C. import matplotlib_pyplot as plt   D. import pyplot from matplotlib as plt

4. 阅读下面的程序，输出结果是（   ）。

```
s = 0
for i in range(1,15):
    if i == 10:
        break
    s += i
    if i % 3:
        continue
print(s)
```

A. 18   B. 55   C. 30   D. 45

5. 阅读下面的程序，输出结果是（   ）。

```
x,y,z = 10,20,30
if y < z:
    z = x
    x = y
    y = z
print(x,y,z,sep=',')
```

A. 10，20，30   B. 20，10，10   C. 10，20，20   D. 20，10，30

6. 相除取商（整）运算符为（   ）。

A. *   B. **   C. %   D. //

7. 以下不能创建一个字典的语句是（   ）。

A. dict1 = {}   B. dict2 = { 1 : 2 }

C. dict3 = {[1,2,3]: "test"}   D. dict4 = {(1,2,3): "test"}

8. 输出以下程序，结果是（   ）。

```
x = "hello"
y = 2
print(x + y)
```

A. hello   B. hellohello   C. hello2   D. 抛出异常

9. 下列有关异常说法正确的是（   ）。

A. 拼写错误会导致程序终止   B. 程序中抛出异常终止程序

C. 程序中抛出异常不一定终止程序   D. 缩进错误会导致程序终止

10. 关于 Python 类说法错误的是（   ）。

A. 类的实例方法必须创建对象前才可以调用

B. 类的实例方法必须创建对象后才可以调用

C. 类的类方法可以用对象和类名来调用

D. 类的静态属性可以用类名和对象来调用

11. 已知有函数定义如下：

```
def showNumber(numbers):
    for n in numbers:
        print(n,end='\t')
```

下面调用函数时会报错的是（　　　　）。

A．showNumber([1,2,4,5])　　　　　　B．showNumber('test')

C．showNumber(5)　　　　　　　　　　D．showNumber((12,4,5))

12. 下面代码能正常执行的是（　　　　）。

```
class Test():
    def __init__(self,name):
        self.name=name
    def showInfo(self):
        print(self.name)
```

A．obj = Test('张三')　　　　obj.showInfo()

B．obj = Test()　　　　　　　obj.showInfo('张三')

C．obj = Test　　　　　　　　obj.showInfo()

D．obj = Test('李四')　　　　showInfo()

13. 如何在 DataFrame 对象 df 中添加一列（　　　　）。

A．df.append()　　　　　　　　　　　　B．df.del()

C．df.add()　　　　　　　　　　　　　　D．df[new_column_name] = [...]

14. 在 matplotlib 中，以下哪个函数用于绘制散点图（　　　　）。

A．plot()　　　　　B．scatter()　　　　C．hist()　　　　D．bar()

15. 下面可以直接用于判断并返回 numpy 数组维度的是（　　　　）。

A．ndarray.shape　　　B．ndarray.ndim　　　C．ndarray.size　　　D．ndarray.dtype

四、程序分析题（共 5 题，每题 3 分，共 15 分）

1. 阅读以下程序，输出其运行结果。

```
ls = [0,1]
for i in range(5):
    t = ls[-1] + ls[-2]
    ls.append(t)
print(ls)
```

2. 阅读以下程序，输出其运行结果。

```
rst = filter(lambda sc:sc < 60,[92,35,67,53,89,87])
print(list(rst))
```

3. 阅读以下程序，输出其运行结果。

```
for n in range(1,30):
```

```
    if n % 2 != 0 and n % 3 == 0:
        print(n,end=" ")
```

4. 阅读以下程序，输出其运行结果。

```
for i in range(1,5):
    for j in range(1,i+1):
        print(f'{i*j}',end=' ')
    print()
```

5. 阅读以下程序，输出其运行结果。

```
class Vector:
    def __init__ (self,a,b):
        self.a = a
        self.b = b
    def __str__ (self):
        return 'Vec(%d,%d)' % (self.a,self.b)
    def __add__ (self,other):
        return Vector(self.a + other.a,self.b + other.b)
    def __sub__ (self,other):
        return Vector(self.a - other.a,self.b - other.b)
v1 = Vector(7,10)
v2 = Vector(5,-2)
print(v1 + v2)
print(v1 - v2)
```

五、设计题（共 7 题，每题 5 分，共 35 分）

1. 编写程序，求 1～100 范围内所有 7 的倍数的和，如 7+14+21+…。

2. 已知列表 a = [1,2,3,4,2,8,3,7,6,1]，编写程序，实现列表 a 中每个数据只出现一次，并输出去重后的 a 列表。

3. 编写函数，判断输入的整数是否为回文数。已知回文数是一个正向和逆向都相同的整数，如 123454321、9889 等。

4. 已知字符串 s = 'skdaskerkjsaljmk'，编程统计该字符串中各字母出现的次数，输出格式如下所示：

```
's':3
'k':4
...
```

5. 定义一个圆类，包括半径属性，以及求面积和求周长两个方法，并创建 2 个圆对象，分别求其面积和周长。

6. 使用 pandas 模块编程实现如下功能。

（1）编程生成并输出如下表格。

	姓名	语文	数学
1	Tom	92	88
2	Jim	78	72
3	Linda	98	99
4	Li Lei	63	68

（2）编程实现增加"平均分"列，如下图所示。

	姓名	语文	数学	平均分
1	Tom	92	88	90.0
2	Jim	78	72	75.0
3	Linda	98	99	98.5
4	Li Lei	63	68	65.5

7．使用 matplotlib 在一幅图上绘制 sigmoid（蓝色实线）及 tanh（黄色点划线）函数曲线如下图所示，已知 $\mathrm{sigmoid}(x) = \dfrac{1}{1 + \mathrm{e}^{-x}}$，$\tanh = \dfrac{\mathrm{e}^{x} - \mathrm{e}^{-x}}{\mathrm{e}^{x} + \mathrm{e}^{-x}}$。

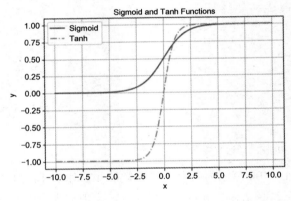

期末自测试卷 C

题号	一	二	三	四	五	总分
得分						

一、填空题（每空 1 分，共 10 分）

1. eval('2*3+1')的结果是_____。

2. Python 中表达式 2 ** 3 + 5 // 3 的结果是_____。

3. '2025-6-1'.split('-')的运行结果是_____。

4. Python 使用_____关键字定义匿名函数。

5. pandas 模块中读取 Excel 表格数据的函数是_____。

6. pandas 模块中对 DataFrame 表格分组的函数是_____。

7. matplotlib 库 pyplot 模块中绘制饼图的函数名是_____。

8. print(dict(a=2,b=3))的输出结果是_____。

9. 如下代码创建了 numpy 二维数组 a

```
import numpy as np
a = np.array([[ 1.,  2.],
       [ 3.,  4.],
       [ 4.,  5.]])
```

把 a 数组展开为一维数组 array([1.,2.,3.,4.,4.,5.])的函数调用是_____。

10. 如下代码创建了 numpy 二维数组 a

```
import numpy as np
a = np.arange(6).reshape(2,-1)
```

则调用 print(a)的输出结果是_____。

二、单项选择题（共 15 题，每题 2 分，共 30 分）

1. print('a','b','c',sep=';',end='#')的输出结果是（   ）。

A. abc   B. a;b;c   C. a;b;c#   D. a;b;c;#

2. 下列关于文件打开模式的说法，错误的是（   ）。

A. r 代表以只读方式打开文件   B. w 代表以只写方式打开文件

C. a 代表以二进制形式打开文件   D. 模式中使用+时，文件可读可写

3. 下面代码的运行结果是（   ）。

```
n = 5
def fun():
```

```
    n += 1
    print(n)
if __name__ == '__main__':
    fun()
```

A. 1   B. 6   C. 随机值   D. 报错

4. 下列代码执行次数是（ ）。

```
n = 100
while n > 1:
    print(n)
    n /= 2
```

A. 6   B. 7   C. 49   D. 99

5. import random，则下列能生成[10,20]之间随机整数的是（ ）。

A. random.randint(10,20)   B. random.randrange(10,20,1)

C. random.random(10,21)   D. random.randint(10,21)

6. 下面代码能正常执行的是（ ）。

```
class Animal(object):
    def sleep(self):
        print('呼噜呼噜睡大觉~~')
class Dog(Animal):
    def __init__(self,name):
        self.name = name
    def shout(self):
        print(f'大家好,我是 [{self.name}],汪汪汪~~')
```

A.

```
d = Dog('小黄')
d.shout()
d.sleep()
```

B.

```
d = Dog()
d.shout('小黄')
d.sleep()
```

C.

```
d = Dog
d.shout()
d.sleep()
```

D.

```
d = Dog('小黄')
shout()
```

7. 关于异常处理的描述，错误的选项是（　　　　）。

A. 一个 try 语句最多只有一个分支会被执行。

B. 如果一个异常没有任何 except 与之匹配，则该异常被抛给上一层的 try。

C. 发生异常，只能修改代码，没有处理的必要。

D. 一个 try 可能包含多个 except 子句。

8. list(map(lambda x:x**3,(1,2,3))) 的运行结果是（　　　　）。

A. [1, 8, 27]　　　　　B. (1, 8, 27)　　　　C. [3, 6, 29]　　　　D. {3, 6, 29}

9. 类定义代码如下：

```
class Cat(object):
    def speak(self):
        print(f'喵喵~~,我是{self.name}')
```

则下列说法正确的是（　　　　）。

A. 该类不可以实例化，因为没有定义__init__()方法。

B. 该类不可以实例化，因为没有定义__del__()方法。

C. 该类可以实例化，并可以通过实例化对象调用 speak 方法。

D. 该类可以实例化，但通过实例化对象调用 speak 方法时报错。

10. numpy 的主要数据类型是（　　　　）。

A. List　　　　　　　B. Tuple　　　　　C. Dictionary　　　　D. ndarray

11. 下面哪个函数可以用于计算数组的均值（　　　　）。

A. np.median()　　　　B. np.std()　　　　C. np.var()　　　　D. np.mean()

12. 下面哪个函数可以用于将数组的数据类型转换为指定的数据类型（　　　　）。

A. ndarray.astype()　　B. np.type()　　　C. dtype()　　　　D. np.cast()

13. 如何从 DataFrame 对象 df 中选择指定的列（　　　　）。

A. df.loc[colname]　　　　　　　　　B. df.iloc[colname]

C. df.get[colname]　　　　　　　　　D. df[colname]

14. matplotlib 是（　　　　）。

A. 一种图形处理库　　　　　　　　　B. 一种音频处理库

C. 一种文本处理库　　　　　　　　　D. 一种网络处理库

15. 在 matplotlib 中，以下哪个函数用于绘制条形图（　　　　）。

A. plot()　　　　　　　B. scatter()　　　　C. hist()　　　　　D. bar()

三、简答题（共 3 题，共 10 分）

1. 你所了解的 Python 数据类型有哪些？并说出其中两种类型的特点。（3 分）

2. 格式化输出有哪几种方法？并各举可运行的简单代码。（3 分）

3. 列举 numpy 中改变数组形状的几种方法（提示：通过属性或方法改变），并分别编写代码测试。（4 分）

四、程序分析题（共 5 题，每题 3 分，共 15 分）

1. 阅读以下程序，输出其运行结果。

```
a,b,c = 1,2,3
```

```
if a < b :
    if b < 0:
        if c < 0:
            c += 1
        c += 2
print("c=%d" % c)
```

2. 阅读以下程序，输出其运行结果。

```
for n in range(2,15):
    flag = 1
    for i in range(2,n):
        if n % i == 0:
            flag = 0
            break
    if 1 == flag:
        print(n,end=' ')
```

3. 阅读以下程序，输出其运行结果。

```
def f(n):
    n = n * 2
    print("n={}".format(n))
n = 4
f(n)
print(f"n={n}")
```

4. 阅读以下程序，输出其运行结果。

```
class Rect:
    def __init__(self,a,b):
        self.a = a
        self.b = b
    def area(self):
        return self.a * self.b
    def perimeter(self):
        return 2 * (self.a + self.b)
if __name__ == '__main__':
    r = Rect(3.2,3)
    print('S=%.2f,L=%.1f' % (r.area(),r.perimeter()))
```

5. 阅读以下程序，如从键盘输入 3 回车，输入 5 回车，则输出其运行结果。输入格式如下所示：

输入整数 1：3
输入整数 2：5

```
if __name__ == '__main__':
```

```
while True:
    try:
        a = int(input('输入整数1: '))
        b = int(input('输入整数2: '))
        rst = a / b
        print('rst={:.2f}'.format(rst))
    except ZeroDivisionError as e:
        print(e)
    else:
        print('无异常，完美。')
        break
```

五、设计题（共 7 题，每题 5 分，共 35 分）

1. 根据分支结构，编程实现如下分段函数，调用该函数计算当 $x=7$ 时的值。

$$f(x) = \begin{cases} 0, x < 0 \\ x, 0 \leq x < 5 \\ 3x - 5, x \leq 5 < 10 \\ 0.5x - 3, x \geq 10 \end{cases}$$

2. 有一堆零件，若三个三个数，剩二个；若五个五个数，剩三个；若七个七个数，剩五个。编写程序，计算出这堆零件至少是多少个？

3. 编程输出 100 以内的所有素数，每行输出 5 个。

4. 定义一个圆类 Circle，包括求圆面积方法 area，再定义一个圆柱体类 Cylinder 继承自圆类 Circle，包括高 h 属性和求体积的方法 volume，定义圆柱体类的对象，并求该对象的体积。

5. 编程实现把当前目录下文件 f1.txt 中的内容复制附加到当前目录下文件 f2.txt 的后面，并把 f2.txt 文件中的内容输出。

6. 假设在当前目录下有文件 stu_score.xlsx，其中"必修课"页签（含语文、数学、外语成绩）和"选修课"页签（含音乐、美术成绩）中的部分数据截图如下所示。

	A	B	C	D	E		A	B	C	D
	学号	姓名	语文	数学	外语		学号	姓名	音乐	美术
	20250201	张三	83	77	91		20250201	张三	73	66
	20250202	李四	79	68	70		20250202	李四	82	93
	20250203	王五	68	78	50		20250203	王五	85	70
	20250204	赵六	45	56	64		20250204	赵六	76	72
	20250205	朱七	91	90	55		20250205	朱七	72	64

（1）编程实现分别读取并显示 stu_score.xlsx 文件中"必修课"、"选修课"页签的前 3 个学生数据信息，运行结果如下所示。

	学号	姓名	语文	数学	外语			学号	姓名	音乐	美术
0	20250201	张三	83	77	91		**0**	20250201	张三	73	66
1	20250202	李四	79	68	70		**1**	20250202	李四	82	93
2	20250203	王五	68	78	50		**2**	20250203	王五	85	70

（2）编程实现把该文件中"必修课"和"选修课"两页签数据合并，输出合并后的表格数据如下所示。

	学号	姓名	英语	数学	外语	音乐	美术
0	20250201	张三	83	77	91	73	66
1	20250202	李四	79	68	70	82	93
2	20250203	王五	68	78	50	85	70
3	20250204	赵六	45	56	64	76	72
4	20250205	朱七	91	90	55	72	64

7. 使用 matplotlib 模块在一张图上绘制有、无阻尼震荡的两个子图，如下图所示，已知阻尼振荡函数 y_1 表达式为 $y_1 = \cos(2\pi x_1) \times e^{-x_1}$，无阻尼振荡函数 y_2 表达式为 $y_2 = \cos(2\pi x_2)$。

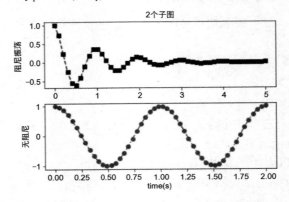

参考文献

[1] 黑马程序员. Python 快速编程入门[M]. 2 版. 北京：人民邮电出版社，2020.

[2] 余本国. Python 数据分析与可视化案例教程[M]. 北京：人民邮电出版社，2022.

[3] 相蓉蓉 孙鸿飞. Python 基础教程[M]. 北京：清华大学出版社，2019.

反侵权盗版声明

电子工业出版社依法对本作品享有专有出版权。任何未经权利人书面许可，复制、销售或通过信息网络传播本作品的行为，歪曲、篡改、剽窃本作品的行为，均违反《中华人民共和国著作权法》，其行为人应承担相应的民事责任和行政责任，构成犯罪的，将被依法追究刑事责任。

为了维护市场秩序，保护权利人的合法权益，我社将依法查处和打击侵权盗版的单位和个人。欢迎社会各界人士积极举报侵权盗版行为，本社将奖励举报有功人员，并保证举报人的信息不被泄露。

举报电话：（010）88254396；（010）88258888

传　　真：（010）88254397

E-mail：　dbqq@phei.com.cn

通信地址：北京市海淀区万寿路 173 信箱

　　　　　电子工业出版社总编办公室

邮　　编：100036